EJERCICIOS Y PRÁCTICAS RESUELTAS DE INSTALACIONES ELÉCTRICAS INTERIORES

EJERCICIOS Y PRÁCTICAS RESUELTAS DE INSTALACIONES ELÉCTRICAS INTERIORES

Miguel Ángel Carrasco Hernández
Luis Miguel García Espinosa
Jorge Núñez Abad

marcombo
ediciones técnicas

EJERCICIOS Y PRÁCTICAS RESUELTAS DE INSTALACIONES ELÉCTRICAS INTERIORES

Gran Via de les Corts Catalanes, 594
08007 Barcelona
www.marcombo.com

ISBN: 978-84-267-1761-0
DL: B-1235-2012

Impreso en Publidisa
Printed in Spain

ÍNDICE GENERAL

Introducción

Esta obra está dedicada especialmente a aquellos alumnos que cursan el módulo de instalaciones de interior, como herramienta para el trabajo dentro del mismo.

Este volumen no pretende establecer ninguna pauta fija de trabajo, sino que es el profesor, quien en último caso debe desarrollar y organizar el conjunto del módulo en función del grupo al que va dirigido y de los recursos con los que cuente su centro.

Por otra parte y dada la amplitud del módulo, será el profesor quien decidirá en todo momento cuáles son los aspectos más relevantes, para poder incidir sobre ellos y hacer una adaptación didáctica en caso de que el tiempo disponible no resulte suficiente.

Teniendo en cuenta la importancia de este módulo y su carga lectiva, este manual trata de recoger los contenidos y resultados de aprendizaje fijados por el Ministerio de Educación, adaptándolo al R.E.B.T (R.D 842/2002), e incluye a su vez un capítulo dedicado a los riesgos laborales y calidad.

Este módulo profesional contiene la formación necesaria para desempañar la función de instalador – montador de instalaciones eléctricas en viviendas, edificios y locales incluyendo aspectos tan importantes como:

- *La interpretación y representación de esquemas de instalaciones eléctricas de viviendas, locales e instalaciones de uso industrial.*
- *Medición de magnitudes eléctricas.*
- *Montaje de instalaciones eléctricas de uso doméstico.*
- *Montaje de instalaciones en locales de pública concurrencia.*
- *Montaje de instalaciones de uso industrial o de características especiales recogidas en el REBT.*
- *Realización de la memoria técnica o interpretación de proyectos eléctricos.*
- *Mantenimiento y reparación de instalaciones eléctricas en general.*

Para ello hemos elaborado 15 unidades en las que pretendemos recoger los contenidos necesarios para dar al alumno la formación necesaria y así poder desempeñar de manera rigurosa y precisa la función profesional de instalador – montador de instalaciones eléctricas en viviendas.

Cada unidad comprende actividades y técnicas que permiten alcanzar el nivel de conocimientos adecuado sobre el tema y motivar al alumno sobre el mismo.

Guía interpretativa de los documentos

Número de la práctica

Objetivo

Breve descripción del objetivo que buscamos conseguir al realizar la práctica

Título de la práctica

Imagen / Símbolo representativo de la práctica

Introducción de apoyo para comenzar la explicación de la práctica

Actividad 1

Enunciado de la práctica

Espacio reservado para la realización de las actividades, así como para recoger los resultados obtenidos

Actividad 2

Enunciado de la práctica

Color que indica en la práctica del profesor cuales son las soluciones a la actividad planteada

Actividad 3

Enunciado de la práctica

Espacio reservado para la realización de las actividades, así como para recoger los resultados obtenidos

Cajetín de práctica solución para el profesor

Profesor

Nº de horas

Fdo:

Fecha:

Cajetín de práctica para el alumno

Tipo de práctica:

Propuesta de tipo práctica

Individual	X
Pareja	
Grupo	

Nº de horas

Tiempo de duración orientativo

NOTA FINAL

Espacio reservado para reflejar la nota obtenida

Fdo:

Espacio reservado para reflejar la firma del alumno y la fecha de entrega

Fecha:

1

REGLAMENTO DE BAJA TENSIÓN PARA INTERIORES

Alumno

Práctica número: 1 A

Objetivo

El objetivo principal es conseguir que los alumnos se familiaricen con el manejo del REBT y conozcan en detalle algunas de las ITC BT de que consta, así como su estructura general

REGLAMENTO DE BAJA TENSIÓN PARA INTERIORES

REBT

RD 842 / 2002

El Reglamento Electrotécnico para Baja Tensión es un reglamento de obligado cumplimiento que prescribe las condiciones de montaje, explotación y mantenimiento de instalaciones de baja tensión. Según este reglamento en España se considera baja tensión aquella que es menor o igual a 1000V en corriente alterna ó 1500V en caso de corriente continua. El Reglamento actual (que sustituye al Reglamento del año 1973) fue aprobado según el Real Decreto 842/2002 del 2 de agosto de 2002.

Actividad 1

Escribe una definición que refleje el objeto del REBT:

Actividad 2

Completa estas frase:

EL REBT tiene un ámbito __________

EL REBT es obligatorio a partir de __________

El REBT fue aprobado por RD __________

El REBT esta compuesto de __________

Actividad 3

La Baja Tensión en el REBT esta considerada a partir de:

c.c. __________________

c.a. __________________

Actividad 4

Comenta las principales diferencias de este REBT con el anterior:

Tipo de práctica:

Individual	X
Pareja	
Grupo	

Nº de horas	NOTA FINAL
1	

Fdo:

Fecha:

Práctica número: 1 B

Objetivo

El objetivo principal es conseguir que los alumnos se familiaricen con el manejo del REBT y conozcan en detalle algunas de las ITC BT de que consta, así como su estructura general

REBT

RD 842 / 2002

REGLAMENTO DE BAJA TENSIÓN PARA INTERIORES

El Reglamento Electrotécnico para Baja Tensión es un reglamento de obligado cumplimiento que prescribe las condiciones de montaje, explotación y mantenimiento de instalaciones de baja tensión. Según este reglamento en España se considera baja tensión aquella que es menor o igual a 1000V en corriente alterna ó 1500V en caso de corriente continua. El Reglamento actual (que sustituye al Reglamento del año 1973) fue aprobado según el Real Decreto 842/2002 del 2 de agosto de 2002.

Actividad 1

Rellena esta tabla referente a los artículos

Número	*Título del artículo*	Resumen
1		
2		
3		
4		
5		
6		
7		
8		
9		
10		
11		
12		
13		
14		
15		
16		
17		
18		
19		
20		
21		
22		
23		
24		
25		
26		
27		
28		
29		

Tipo de práctica:

Individual	X
Pareja	
Grupo	

Nº de horas	NOTA FINAL
1	

Fdo:

Fecha:

Práctica número: 1 C

REBT

RD 842 / 2002

Objetivo

El objetivo principal es conseguir que los alumnos se familiaricen con el manejo del REBT y conozcan en detalle algunas de las ITC BT de que consta, así como su estructura general

REGLAMENTO DE BAJA TENSIÓN PARA INTERIORES

El Reglamento Electrotécnico para Baja Tensión es un reglamento de obligado cumplimiento que prescribe las condiciones de montaje, explotación y mantenimiento de instalaciones de baja tensión. Según este reglamento en España se considera baja tensión aquella que es menor o igual a 1000V en corriente alterna ó 1500V en caso de corriente continua. El Reglamento actual (que sustituye al Reglamento del año 1973) fue aprobado según el Real Decreto 842/2002 del 2 de agosto de 2002.

Actividad 1

Elige y resume una de las 51 ITC BT existentes

Nombre

Elige y resume una de las 51 ITC BT existentes

Nombre

Tipo de práctica:

Individual	X
Pareja	
Grupo	

Nº de horas	NOTA FINAL
1	

Fdo:

Fecha:

Práctica número: 1 D

Objetivo

El objetivo principal es conseguir que los alumnos se familiaricen con el manejo del REBT y conozcan en detalle algunas de las ITC BT de que consta, así como su estructura general

REBT

RD 842 / 2002

REGLAMENTO DE BAJA TENSIÓN PARA INTERIORES

El Reglamento Electrotécnico para Baja Tensión es un reglamento de obligado cumplimiento que prescribe las condiciones de montaje, explotación y mantenimiento de instalaciones de baja tensión. Según este reglamento en España se considera baja tensión aquella que es menor o igual a 1000V en corriente alterna ó 1500V en caso de corriente continua. El Reglamento actual (que sustituye al Reglamento del año 1973) fue aprobado según el Real Decreto 842/2002 del 2 de agosto de 2002.

Actividad 1

Resume la ITC BT 25

Tipo de práctica:

Individual	X
Pareja	
Grupo	

Nº de horas	NOTA FINAL
1	

Fdo:

Fecha:

Práctica número: 1 E

REBT

RD 842 / 2002

Objetivo

El objetivo principal es conseguir que los alumnos se familiaricen con el manejo del REBT y conozcan en detalle algunas de las ITC BT de que consta, así como su estructura general

REGLAMENTO DE BAJA TENSIÓN PARA INTERIORES

El Reglamento Electrotécnico para Baja Tensión es un reglamento de obligado cumplimiento que prescribe las condiciones de montaje, explotación y mantenimiento de instalaciones de baja tensión. Según este reglamento en España se considera baja tensión aquella que es menor o igual a 1000V en corriente alterna ó 1500V en caso de corriente continua. El Reglamento actual (que sustituye al Reglamento del año 1973) fue aprobado según el Real Decreto 842/2002 del 2 de agosto de 2002.

Actividad 1

Resume la ITC BT 26

Tipo de práctica:

Individual	X
Pareja	
Grupo	

Nº de horas	NOTA FINAL
1	

Fdo:

Fecha:

Práctica número: 1 F

Objetivo

El objetivo principal es conseguir que los alumnos se familiaricen con el manejo del REBT y conozcan en detalle algunas de las ITC BT de que consta, así como su estructura general

REGLAMENTO DE BAJA TENSIÓN PARA INTERIORES

REBT

RD 842 / 2002

El Reglamento Electrotécnico para Baja Tensión es un reglamento de obligado cumplimiento que prescribe las condiciones de montaje, explotación y mantenimiento de instalaciones de baja tensión. Según este reglamento en España se considera baja tensión aquella que es menor o igual a 1000V en corriente alterna ó 1500V en caso de corriente continua. El Reglamento actual (que sustituye al Reglamento del año 1973) fue aprobado según el Real Decreto 842/2002 del 2 de agosto de 2002.

Actividad 1

Resume la ITC BT 27

Tipo de práctica:

Individual	X
Pareja	
Grupo	

Nº de horas	NOTA FINAL
1	

Fdo:

Fecha:

Práctica número: 1 G

Objetivo

El objetivo principal es conseguir que los alumnos se familiaricen con el manejo del REBT y conozcan en detalle algunas de las ITC BT de que consta, así como su estructura general

REBT

RD 842 / 2002

REGLAMENTO DE BAJA TENSIÓN PARA INTERIORES

El Reglamento Electrotécnico para Baja Tensión es un reglamento de obligado cumplimiento que prescribe las condiciones de montaje, explotación y mantenimiento de instalaciones de baja tensión. Según este reglamento en España se considera baja tensión aquella que es menor o igual a 1000V en corriente alterna ó 1500V en caso de corriente continua. El Reglamento actual (que sustituye al Reglamento del año 1973) fue aprobado según el Real Decreto 842/2002 del 2 de agosto de 2002.

Actividad 1

Definición de local de publica concurrencia

ITC BT 04

Resume la ITC BT 04 y di como afecta a un local de publica concurrencia que precisa 60 Kw de potencia.

Tipo de práctica:

Individual	X
Pareja	
Grupo	

Nº de horas

1

NOTA FINAL

Fdo:

Fecha:

Práctica número: 1 H

Objetivo

El objetivo principal es conseguir que los alumnos se familiaricen con el manejo del REBT y conozcan en detalle algunas de las ITC BT de que consta, así como su estructura general

REGLAMENTO DE BAJA TENSIÓN PARA INTERIORES

REBT

RD 842 / 2002

El Reglamento Electrotécnico para Baja Tensión es un reglamento de obligado cumplimiento que prescribe las condiciones de montaje, explotación y mantenimiento de instalaciones de baja tensión. Según este reglamento en España se considera baja tensión aquella que es menor o igual a 1000V en corriente alterna ó 1500V en caso de corriente continua. El Reglamento actual (que sustituye al Reglamento del año 1973) fue aprobado según el Real Decreto 842/2002 del 2 de agosto de 2002.

Actividad 1

Lleva el control de cuantos resúmenes han sido presentados y de cuantos tienes copia

INSTRUCCIÓN	TITULO	RESUMEN	PRESENTADO
ITC-BT-01	Terminología.		
ITC-BT-02	Normas de referencia en el Reglamento Electrotécnico de baja tensión.		
ITC-BT-03	Instaladores autorizados y empresas instaladoras autorizadas.		
ITC-BT-04	Documentación y puesta en servicio de las instalaciones.		
ITC-BT-05	Verificaciones e inspecciones.		
ITC-BT-06	Redes aéreas para distribución en baja tensión.		
ITC-BT-07	Redes subterráneas para distribución en baja tensión.		
ITC-BT-08	Sistemas de conexión del neutro y de las masas en redes de distribución de energía eléctrica.		
ITC-BT-09	Instalaciones de alumbrado exterior.		
ITC-BT-10	Previsión de cargas para suministros en baja tensión.		
ITC-BT-11	Redes de distribución de energía eléctrica. Acometidas.		
ITC-BT-12	Instalaciones de enlace. Esquemas.		
ITC-BT-13	Instalaciones de enlace. Cajas generales de protección.		
ITC-BT-14	Instalaciones de enlace. Línea general de alimentación.		
ITC-BT-15	Instalaciones de enlace. Derivaciones individuales.		
ITC-BT-16	Instalaciones de enlace. Contadores: Ubicación y sistemas de instalación		
ITC-BT-17	Instalaciones de enlace. Dispositivos generales e individuales de mando y protección. Interruptor de control de potencia.		
ITC-BT-18	Instalaciones de puesta a tierra.		
ITC-BT-19	Instalaciones interiores o receptoras. Prescripciones generales.		
ITC-BT-20	Instalaciones interiores o receptoras. Sistemas de instalación.		
ITC-BT-21	Instalaciones interiores o receptoras. Tubos y canales protectoras.		
ITC-BT-22	Instalaciones interiores o receptoras. Protección contra sobreintensidades.		
ITC-BT-23	Instalaciones interiores o receptoras. Protección contra sobretensiones.		
ITC-BT-24	Instalaciones interiores o receptoras. Protección contra los contactos directos e indirectos.		
ITC-BT-25	Instalaciones interiores en viviendas. Número de circuitos y características.		
ITC-BT-26	Instalaciones interiores en viviendas. Prescripciones generales de instalación.		
ITC-BT-27	Instalaciones interiores en viviendas. Locales que contienen una bañera o ducha.		
ITC-BT-28	Instalaciones en locales de pública concurrencia.		
ITC-BT-29	Prescripciones particulares para las instalaciones eléctricas de los locales con riesgo de incendio o explosión.		
ITC-BT-30	Instalaciones en locales de características especiales.		
ITC-BT-31	Instalaciones con fines especiales. Piscinas y fuentes.		
ITC-BT-32	Instalaciones con fines especiales. Máquinas de elevación y transporte.		
ITC-BT-33	Instalaciones con fines especiales. Instalaciones provisionales y temporales de obras.		
ITC-BT-34	Instalaciones con fines especiales. Ferias y stands.		
ITC-BT-35	Instalaciones con fines especiales. Establecimientos agrícolas y hortícolas.		
ITC-BT-36	Instalaciones a muy baja tensión.		
ITC-BT-37	Instalaciones a tensiones especiales.		
ITC-BT-38	Instalaciones con fines especiales. Requisitos particulares para la instalación eléctrica en quirófanos y salas de intervención.		
ITC-BT-39	Instalaciones con fines especiales. Cercas eléctricas para ganado.		
ITC-BT-40	Instalaciones generadoras de baja tensión.		
ITC-BT-41	Instalaciones eléctricas en caravanas y parques de caravanas.		
ITC-BT-42	Instalaciones eléctricas en puertos y marinas para barcos de recreo.		
ITC-BT-43	Instalación de receptores. Prescripciones generales.		
ITC-BT-44	Instalación de receptores. Receptores para alumbrado.		
ITC-BT-45	Instalación de receptores. Aparatos de caldeo.		
ITC-BT-46	Instalación de receptores. Cables y folios radiantes en viviendas.		
ITC-BT-47	Instalación de receptores. Motores.		
ITC-BT-48	Instalación de receptores. Transformadores y autotransformadores. Reactancias y rectificadores. Condensadores.		
ITC-BT-49	Instalaciones eléctricas en muebles.		
ITC-BT-50	Instalaciones eléctricas en locales que contienen radiadores para saunas.		
ITC-BT-51	Instalaciones de sistemas de automatización, gestión técnica de la energía y seguridad para viviendas y edificios.		

Tipo de práctica:

Individual	X
Pareja	
Grupo	

Nº de horas	NOTA FINAL
1	

Fdo:

Fecha:

Profesor

Práctica número: 1 A

Objetivo

El objetivo principal es conseguir que los alumnos se familiaricen con el manejo del REBT y conozcan en detalle algunas de las ITC BT de que consta, así como su estructura general

REGLAMENTO DE BAJA TENSIÓN PARA INTERIORES

REBT

RD 842 / 2002

El Reglamento Electrotécnico para Baja Tensión es un reglamento de obligado cumplimiento que prescribe las condiciones de montaje, explotación y mantenimiento de instalaciones de baja tensión. Según este reglamento en España se considera baja tensión aquella que es menor o igual a 1000V en corriente alterna ó 1500V en caso de corriente continua. El Reglamento actual (que sustituye al Reglamento del año 1973) fue aprobado según el Real Decreto 842/2002 del 2 de agosto de 2002.

Actividad 1

Escribe una definición que refleje el objeto del REBT:

El Reglamento Electrotécnico para Baja Tensión es un reglamento español de obligado cumplimiento que prescribe las condiciones de montaje, explotación y mantenimiento de instalaciones de baja tensión. Según este reglamento en España se considera baja tensión aquella que es menor o igual a 1000 voltios en corriente alterna o 1500 voltios en caso de corriente contínua.

El Reglamento actual (que sustituye al Reglamento del año 1973) fue aprobado según el Real Decreto 842/2002 del 2 de agosto de 2002. Fue publicado en el Boletín Oficial del Estado número 224 el 18 de septiembre de 2002.

El nuevo reglamento mantiene la estructura del antiguo y se compone de dos partes. La primera son 29 Artículos que atiende a las cuestiones legales y administrativas de las instalaciones. La segunda parte se centra en los aspectos técnicos de las instalaciones recogidas en 51 Instrucciones Técnicas Complementarias o ITC's

Actividad 2

Completa estas frase:

EL REBT tiene un ámbito	estatal
EL REBT es obligatorio a partir de	2002
El REBT fue aprobado por RD	842 / 2002
El REBT esta compuesto de	29 Artículos 51 ITC BT

Actividad 3

La Baja Tensión en el REBT esta considerada a partir de:

c.c.	1.500 V
c.a.	1.000 V

Actividad 4

Comenta las principales diferencias de este REBT con el anterior:

Con respecto al REBT-73, el reglamento actual corrige las siguientes deficiencias:

1.- Recoge la gestión administrativa y competencias de las Autonomías (entidades que no existían en el año 1973).
2.- Se fusiona en un único documento todas las normas de obligado cumplimento de las instalaciones de BT. Anteriormente existia el REBT-73 y la norma UNE-EN 20460 "Instalaciones eléctricas en edificios" ambas de obligado cumplimento al ser está última un norma armonizada y por tanto obligatoria para los Estados Miembros de la Unión Europea.
3.- Se actualiza el contenido del Reglamento debido al progreso tecnológico en cuanto a instalaciones y sobre todo al aumento de los niveles de electrificación de los hogares.
4.- Para mentener actualizado el REBT-2002, en el mismo se hace referencia constante a normas UNE que son objeto de constante revisión y si estas se renuevan, son automáticamente de obligado cumplimiento.
5.-Se introduce además el concepto de "seguridad equivalente" para aquellos casos que no vienen contemplados en las normas o en el propio REBT.
6.- Un error frecuente es continuar aplicando la norma UNE 20460-5-523 de noviembre de 1994 en lugar de la versión de esta misma norma UNE pero del 2004. El error es que se sigue editando el REBT 2002 con la tabla de la norma UNE de 1994. El REBT hace referencia a esta UNE al utilizar esta tabla en su ITC-BT-19

Profesor

Nº de l

Fdo:

Fecha:

Práctica número: 1 B

Objetivo

El objetivo principal es conseguir que los alumnos se familiaricen con el manejo del REBT y conozcan en detalle algunas de las ITC BT de que consta, así como su estructura general

REGLAMENTO DE BAJA TENSIÓN PARA INTERIORES

REBT

RD 842 / 2002

El Reglamento Electrotécnico para Baja Tensión es un reglamento de obligado cumplimiento que prescribe las condiciones de montaje, explotación y mantenimiento de instalaciones de baja tensión. Según este reglamento en España se considera baja tensión aquella que es menor o igual a 1000V en corriente alterna ó 1500V en caso de corriente continua. El Reglamento actual (que sustituye al Reglamento del año 1973) fue aprobado según el Real Decreto 842/2002 del 2 de agosto de 2002.

Actividad 1

Rellena esta tabla referente a los artículos

Número	Título del artículo	Resumen
1	*Objeto*	El presente reglamento tiene por objeto establecer las condiciones técnicas y garantías que deben reunir las instalaciones de baja tensión
2	*Campo de aplicación*	c.a. < 1.000 voltios / c.c. < 1.500 voltios Nuevas instalaciones o aquellas reformadas de manera importante
3	*Instalación eléctrica*	Conjunto de aparatos y circuitos asociados con un fin particular: producción transmisión, distribución o utilización de la energía eléctrica
4	*Clasificación de las tensión y frecuencia*	230 V para trifásicas de 3 conductores y 230 V entre fase y neutro y 400 V entre fases para redes trifásicas de tres conductores
5	*Perturbaciones en las redes*	Deberán estar dotadas de los adecuados dispositivos protectores, según se establece en las disposiciones vigentes relativas a esta materia
6	*Equipos y materiales*	Deberán ser utilizados en la forma y finalidad que fueron fabricados Los Órganos competentes de las C. Autónomas verificaran el cumplimiento
7	*Coincidencia con otras tensiones*	Se deberá cumplir con lo establecido en los reglamentos que regulen las tensiones de dichas instalaciones
8	*Redes de distribución*	Inst. unidas directamente a tierra: Entre fase y tierra Inst. no unidas directamente a tierra: Entre dos conductores de fase
9	*Instalaciones de alumbrado exterior*	Finalidad la iluminación de las vías de comunicación o circulación y las de los espacios comprendidos entre edificaciones.
10	*Tipos de suministro*	Normales: Un abonado / una empresa suministradora / pot. contratada Complementarios: Socorro (15 %) - Reserva (25 %) - Duplicado (50 %)
11	*Locales de características especiales*	Locales y emplazamientos mojados, gases y polvos no inflamables o combustibles, temperaturas muy diferentes a las normales y distribución.
12	*Ordenación de cargas*	Antes de iniciar las obras se debe comunicar los consumos y cargas a la empresa suministradora para su previsión
13	*Reserva de local*	Según preinscripciones recogidas en la reglamentación por la que se regulen las diferentes actividades ligadas a la energía eléctrica
14	*Especificaciones particulares de EMP su*	Podrán proponer especificaciones sobre la construcción y montaje de la acometida, líneas generales, contadores y derivaciones indiv.
15	*Acometidas e instalaciones de enlace*	Acometida: Aprte de la instalación que alimenta la caa de protección Inst. de enlace: Unen caja general con instalaciones receptoras
16	*Instalaciones interiores o receptoras*	Toda aquella alimentadas por una red de distribución o fuente de energía propia
17	*Receptores y puesta a tierra*	Estas deberán respetar lo dispuesto en las instrucciones técnicas complementarias
18	*Ejecución y puesta en servicio de Inst.*	Ver articulo 12.3 de la Ley 21 / 1992 de Industria.
19	*Información a los usuarios*	La empresa instaladora debe confeccionar unas instrucciones para el correcto uso y mantenimiento de la misma
20	*Mantenimiento de las instalaciones*	Los titulares de las instalaciones deberán mantener en buen estado de funcionamiento sus instalaciones
21	*Inspecciones*	Determinara: Instalaciones - Criterios y plazos
22	*Instaladores autorizados*	Articulo 13.3. de la Ley 21 / 1992 de Industria las autorizaciones tendrán ámbito estatal
23	*Cumplimiento de las prescripciones*	Son exigibles a fin de preservar a las personas y los bienes, cuando se utilizan de acuerdo a su destino
24	*Excepciones*	Solicitud de excepción al citado órgano
25	*Equivalencia normativa Europa*	Se deberán reconocer los productos provenientes de los diferentes estados miembros de la Unión Europea
26	*Normas de referencia*	Normas UNE - Centro directivo competente en materia de seguridad industrial del Ministerio de Ciencia y Tecnología
27	*Accidentes*	Se deberá poseer los datos de los accidentes mas significativos del año Se debe remitir un informe en los sucesivos 15 días
28	*Infracciones y sanciones*	De acuerdo a lo dispuesto en el Titulo V de la Ley 21 / 1992 de Industria
29	*Guía técnica*	El centro directivo competente en materia de Seguridad Industrial del Ministerio de Ciencia y Tecnología, elaborara dicha guía.

Profesor

Nº

Fdo:

Fecha:

Práctica número: 1 C

Objetivo

El objetivo principal es conseguir que los alumnos se familiaricen con el manejo del REBT y conozcan en detalle algunas de las ITC BT de que consta, así como su estructura general

REGLAMENTO DE BAJA TENSIÓN PARA INTERIORES

REBT

RD 842 / 2002

El Reglamento Electrotécnico para Baja Tensión es un reglamento de obligado cumplimiento que prescribe las condiciones de montaje, explotación y mantenimiento de instalaciones de baja tensión. Según este reglamento en España se considera baja tensión aquella que es menor o igual a 1000V en corriente alterna ó 1500V en caso de corriente continua. El Reglamento actual (que sustituye al Reglamento del año 1973) fue aprobado según el Real Decreto 842/2002 del 2 de agosto de 2002.

Actividad 1

INSTRUCCIÓN TITULO

ITC-BT-01 Terminología.
ITC-BT-02 Normas de referencia en el Reglamento Electrotécnico de baja tensión.
ITC-BT-03 Instaladores autorizados y empresas instaladoras autorizadas.
ITC-BT-04 Documentación y puesta en servicio de las instalaciones.
ITC-BT-05 Verificaciones e inspecciones.
ITC-BT-06 Redes aéreas para distribución en baja tensión.
ITC-BT-07 Redes subterráneas para distribución en baja tensión.
ITC-BT-08 Sistemas de conexión del neutro y de las masas en redes de distribución de energía eléctrica.
ITC-BT-09 Instalaciones de alumbrado exterior.
ITC-BT-10 Previsión de cargas para suministros en baja tensión.
ITC-BT-11 Redes de distribución de energía eléctrica. Acometidas.
ITC-BT-12 Instalaciones de enlace. Esquemas.
ITC-BT-13 Instalaciones de enlace. Cajas generales de protección.
ITC-BT-14 Instalaciones de enlace. Línea general de alimentación.
ITC-BT-15 Instalaciones de enlace. Derivaciones individuales.
ITC-BT-16 Instalaciones de enlace. Contadores: Ubicación y sistemas de instalación
ITC-BT-17 Instalaciones de enlace. Dispositivos generales e individuales de mando y protección. Interruptor de control de potencia.
ITC-BT-18 Instalaciones de puesta a tierra.
ITC-BT-19 Instalaciones interiores o receptoras. Prescripciones generales.
ITC-BT-20 Instalaciones interiores o receptoras. Sistemas de instalación.
ITC-BT-21 Instalaciones interiores o receptoras. Tubos y canales protectoras.
ITC-BT-22 Instalaciones interiores o receptoras. Protección contra sobreintensidades.
ITC-BT-23 Instalaciones interiores o receptoras. Protección contra sobretensiones.
ITC-BT-24 Instalaciones interiores o receptoras. Protección contra los contactos directos e indirectos.
ITC-BT-25 Instalaciones interiores en viviendas. Número de circuitos y características.
ITC-BT-26 Instalaciones interiores en viviendas. Prescripciones generales de instalación.
ITC-BT-27 Instalaciones interiores en viviendas. Locales que contienen una bañera o ducha.
ITC-BT-28 Instalaciones en locales de pública concurrencia.
ITC-BT-29 Prescripciones particulares para las instalaciones eléctricas de los locales con riesgo de incendio o explosión.
ITC-BT-30 Instalaciones en locales de características especiales.
ITC-BT-31 Instalaciones con fines especiales. Piscinas y fuentes.
ITC-BT-32 Instalaciones con fines especiales. Máquinas de elevación y transporte.
ITC-BT-33 Instalaciones con fines especiales. Instalaciones provisionales y temporales de obras.
ITC-BT-34 Instalaciones con fines especiales. Ferias y stands.
ITC-BT-35 Instalaciones con fines especiales. Establecimientos agrícolas y hortícolas.
ITC-BT-36 Instalaciones a muy baja tensión.
ITC-BT-37 Instalaciones a tensiones especiales.
ITC-BT-38 Instalaciones con fines especiales. Requisitos particulares para la instalación eléctrica en quirófanos y salas de intervención.
ITC-BT-39 Instalaciones con fines especiales. Cercas eléctricas para ganado.
ITC-BT-40 Instalaciones generadoras de baja tensión.
ITC-BT-41 Instalaciones eléctricas en caravanas y parques de caravanas.
ITC-BT-42 Instalaciones eléctricas en puertos y marinas para barcos de recreo.
ITC-BT-43 Instalación de receptores. Prescripciones generales.
ITC-BT-44 Instalación de receptores. Receptores para alumbrado.
ITC-BT-45 Instalación de receptores. Aparatos de caldeo.
ITC-BT-46 Instalación de receptores. Cables y folios radiantes en viviendas.
ITC-BT-47 Instalación de receptores. Motores.
ITC-BT-48 Instalación de receptores. Transformadores y autotransformadores. Reactancias y rectificadores. Condensadores.
ITC-BT-49 Instalaciones eléctricas en muebles.
ITC-BT-50 Instalaciones eléctricas en locales que contienen radiadores para saunas.
ITC-BT-51 Instalaciones de sistemas de automatización, gestión técnica de la energía y seguridad para viviendas y edificios.

Profesor

Nº de

Fdo:

Fecha:

Práctica número: 1 D

Objetivo

El objetivo principal es conseguir que los alumnos se familiaricen con el manejo del REBT y conozcan en detalle algunas de las ITC BT de que consta, así como su estructura general

REBT

RD 842 / 2002

REGLAMENTO DE BAJA TENSIÓN PARA INTERIORES

El Reglamento Electrotécnico para Baja Tensión es un reglamento de obligado cumplimiento que prescribe las condiciones de montaje, explotación y mantenimiento de instalaciones de baja tensión. Según este reglamento en España se considera baja tensión aquella que es menor o igual a 1000V en corriente alterna ó 1500V en caso de corriente continua. El Reglamento actual (que sustituye al Reglamento del año 1973) fue aprobado según el Real Decreto 842/2002 del 2 de agosto de 2002.

Actividad 1

Resumen de la ITC BT 25

ITC-BT-25

INSTALACIONES INTERIORES EN VIVIENDAS.
NÚMERO DE CIRCUITOS Y CARACTERÍSTICAS.

ÍNDICE

2.3.1. Electrificación básica.

Circuitos independientes

C1 Circuito de distribución interna, destinado a alimentar los puntos de iluminación.
C2 Circuito de distribución interna, destinado a tomas de corriente de uso general y frigorífico.
C3 Circuito de distribución interna, destinado a alimentar la cocina y horno.
C4 Circuito de distribución interna, destinado a alimentar la lavadora, lavavajillas y termo eléctrico.
C5 Circuito de distribución interna, destinado a alimentar tomas de corriente de los cuartos de baño, así como las bases auxiliares del cuarto de cocina.

2.3.2. Electrificación elevada.

Es el caso de viviendas con una previsión importante de aparatos electrodomésticos que obligue a instalar mas de un circuito de cualquiera de los tipos descritos anteriormente, así como con previsión de sistemas de calefacción eléctrica, acondicionamiento de aire, automatización, gestión técnica de la energía y seguridad o con superficies útiles de las viviendas superiores a 160 m2. En este caso se instalará, además de los correspondientes a la electrificación básica, los siguientes circuitos:

C6 Circuito adicional del tipo C1, por cada 30 puntos de luz
C7 Circuito adicional del tipo C2, por cada 20 tomas de corriente de uso general o si la superficie útil es mayor de 160 m2.
C8 Circuito de distribución interna, destinado a la instalación de calefacción eléctrica, cuando existe previsión de ésta.
C9 Circuito de distribución interna, destinado a la instalación aire acondicionado, cuando existe previsión de éste
C10 Circuito de distribución interna, destinado a la instalación de una secadora independiente
C11 Circuito de distribución interna, destinado a la alimentación del sistema de automatización, gestión técnica de la energía y de seguridad, cuando exista previsión de éste.
C12 Circuitos adicionales de cualquiera de los tipos C3 o C4, cuando se prevean, o circuito adicional del tipo C5, cuando su número de tomas de corriente exceda de 6.

Profesor

Fdo:

Fecha:

Práctica número: 1 E

Objetivo

El objetivo principal es conseguir que los alumnos se familiaricen con el manejo del REBT y conozcan en detalle algunas de las ITC BT de que consta, así como su estructura general

REBT

RD 842 / 2002

REGLAMENTO DE BAJA TENSIÓN PARA INTERIORES

El Reglamento Electrotécnico para Baja Tensión es un reglamento de obligado cumplimiento que prescribe las condiciones de montaje, explotación y mantenimiento de instalaciones de baja tensión. Según este reglamento en España se considera baja tensión aquella que es menor o igual a 1000V en corriente alterna ó 1500V en caso de corriente continua. El Reglamento actual (que sustituye al Reglamento del año 1973) fue aprobado según el Real Decreto 842/2002 del 2 de agosto de 2002.

Actividad 1

Resumen de la ITC BT 26

ITC-BT-26 INSTALACIONES INTERIORES EN VIVIENDAS
PRESCRIPCIONES GENERALES DE INSTALACIÓN

ÍNDICE

1. ÁMBITO DE APLICACIÓN.

2. TENSIONES DE UTILIZACIÓN Y ESQUEMA DE CONEXIÓN.

3. TOMAS DE TIERRA.

3.1 Instalación.

3.2 Elementos a conectar a tierra.

3.3 Puntos de puesta a tierra.

3.4 Líneas principales de tierra. Derivaciones.

3.5 Conductores de protección.

4. PROTECCIÓN CONTRA CONTACTOS INDIRECTOS.

5. CUADRO GENERAL DE DISTRIBUCIÓN.

6. CONDUCTORES.

6.1 Naturaleza y Secciones.

6.1.1 Conductores activos.

6.1.2 Conductores de protección.

6.2 Identificación de los conductores.

6.3 Conexiones.

Profesor

Nº de

Fdo:

Fecha:

Práctica número: 1 F

Objetivo

El objetivo principal es conseguir que los alumnos se familiaricen con el manejo del REBT y conozcan en detalle algunas de las ITC BT de que consta, así como su estructura general

REGLAMENTO DE BAJA TENSIÓN PARA INTERIORES

REBT

RD 842 / 2002

El Reglamento Electrotécnico para Baja Tensión es un reglamento de obligado cumplimiento que prescribe las condiciones de montaje, explotación y mantenimiento de instalaciones de baja tensión. Según este reglamento en España se considera baja tensión aquella que es menor o igual a 1000V en corriente alterna ó 1500V en caso de corriente continua. El Reglamento actual (que sustituye al Reglamento del año 1973) fue aprobado según el Real Decreto 842/2002 del 2 de agosto de 2002.

Actividad 1

Resumen de la ITC BT 27

ITC-BT-27 INSTALACIONES INTERIORES EN VIVIENDAS.
LOCALES QUE CONTIENEN UNA BAÑERA O DUCHA.

ÍNDICE

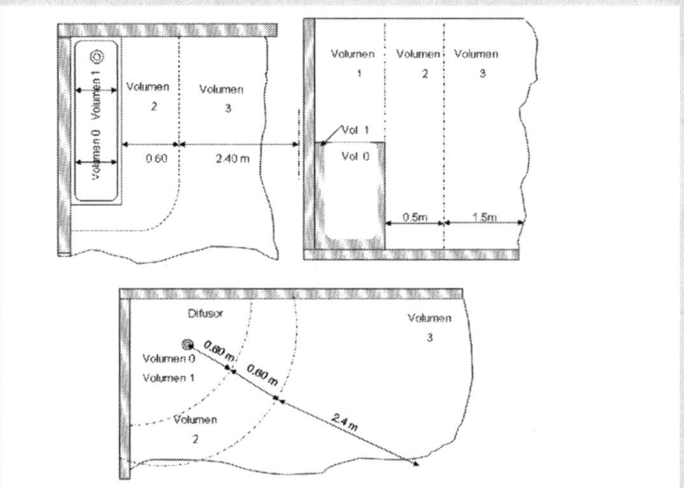

Nº de ...

Profesor

Fdo:

Fecha:

Práctica número: 1 G

Objetivo

El objetivo principal es conseguir que los alumnos se familiaricen con el manejo del REBT y conozcan en detalle algunas de las ITC BT de que consta, así como su estructura general

REGLAMENTO DE BAJA TENSIÓN PARA INTERIORES

REBT

RD 842 / 2002

El Reglamento Electrotécnico para Baja Tensión es un reglamento de obligado cumplimiento que prescribe las condiciones de montaje, explotación y mantenimiento de instalaciones de baja tensión. Según este reglamento en España se considera baja tensión aquella que es menor o igual a 1000V en corriente alterna ó 1500V en caso de corriente continua. El Reglamento actual (que sustituye al Reglamento del año 1973) fue aprobado según el Real Decreto 842/2002 del 2 de agosto de 2002.

Actividad 1

definición de local de publica concurrencia

La presente instrucción se aplica a locales de pública concurrencia como:
Locales de espectáculos y actividades recreativas:
Cualquiera que sea su capacidad de ocupación, como por ejemplo, cines, teatros, auditorios, estadios, pabellones deportivos, plazas de toros, hipódromos, parques de atracciones y ferias fijas, salas de fiesta, discotecas, salas de juegos de azar.
Locales de reunión, trabajo y usos sanitarios:
Cualquiera que sea su ocupación, los siguientes: Templos, Museos, Salas de conferencias y congresos, casinos, hoteles, hostales, bares, cafeterías, restaurantes o similares, zonas comunes en agrupaciones de establecimientos comerciales, aeropuertos, estaciones de viajeros, estacionamientos cerrados y cubiertos para más de 5 vehículos, hospitales, ambulatorios y sanatorios, asilos y guarderías
Si la ocupación prevista es de más de 50 personas: bibliotecas, centros de enseñanza, consultorios médicos, establecimientos comerciales, oficinas con presencia de público, residencias de estudiantes, gimnasios, salas de exposiciones, centros culturales, clubes sociales y deportivos

ITC BT 04

ITC-BT-04 DOCUMENTACIÓN Y PUESTA EN SERVICIO DE LAS INSTALACIONES

ÍNDICE

1. OBJETO.

2. DOCUMENTACIÓN DE LAS INSTALACIONES.

2.1. Proyecto.

2.2. Memoria técnica de diseño.

3. INSTALACIONES QUE PRECISAN PROYECTO.

4. INSTALACIONES QUE REQUIEREN MEMORIA TÉCNICA DE DISEÑO.

5. EJECUCIÓN Y TRAMITACIÓN DE LAS INSTALACIONES.

6. PUESTA EN SERVICIO DE LAS INSTALACIONES.

Documentación ==> PROYECTO

Su ejecución debe contar con la dirección de un técnico titulado competente

Al termino de la ejecución de la instalación, la empresa instaladora realizara las verificaciones que resulten oportunas, en función de las características de aquellas, según se especifica en la ITC BT 05 y en su caso todas las que determine la dirección de obra

Profesor

Nº de

Fdo:

Fecha:

Práctica número: 1 H

REBT

RD 842 / 2002

Objetivo

El objetivo principal es conseguir que los alumnos se familiaricen con el manejo del REBT y conozcan en detalle algunas de las ITC BT de que consta, así como su estructura general

REGLAMENTO DE BAJA TENSIÓN PARA INTERIORES

El Reglamento Electrotécnico para Baja Tensión es un reglamento de obligado cumplimiento que prescribe las condiciones de montaje, explotación y mantenimiento de instalaciones de baja tensión. Según este reglamento en España se considera baja tensión aquella que es menor o igual a 1000V en corriente alterna ó 1500V en caso de corriente continua. El Reglamento actual (que sustituye al Reglamento del año 1973) fue aprobado según el Real Decreto 842/2002 del 2 de agosto de 2002.

Actividad 1

<u>**INSTRUCCIÓN TITULO**</u>

ITC-BT-01 Terminología.
ITC-BT-02 Normas de referencia en el Reglamento Electrotécnico de baja tensión.
ITC-BT-03 Instaladores autorizados y empresas instaladoras autorizadas.
ITC-BT-04 Documentación y puesta en servicio de las instalaciones.
ITC-BT-05 Verificaciones e inspecciones.
ITC-BT-06 Redes aéreas para distribución en baja tensión.
ITC-BT-07 Redes subterráneas para distribución en baja tensión.
ITC-BT-08 Sistemas de conexión del neutro y de las masas en redes de distribución de energía eléctrica.
ITC-BT-09 Instalaciones de alumbrado exterior.
ITC-BT-10 Previsión de cargas para suministros en baja tensión.
ITC-BT-11 Redes de distribución de energía eléctrica. Acometidas.
ITC-BT-12 Instalaciones de enlace. Esquemas.
ITC-BT-13 Instalaciones de enlace. Cajas generales de protección.
ITC-BT-14 Instalaciones de enlace. Línea general de alimentación.
ITC-BT-15 Instalaciones de enlace. Derivaciones individuales.
ITC-BT-16 Instalaciones de enlace. Contadores: Ubicación y sistemas de instalación
ITC-BT-17 Instalaciones de enlace. Dispositivos generales e individuales de mando y protección. Interruptor de control de potencia.
ITC-BT-18 Instalaciones de puesta a tierra.
ITC-BT-19 Instalaciones interiores o receptoras. Prescripciones generales.
ITC-BT-20 Instalaciones interiores o receptoras. Sistemas de instalación.
ITC-BT-21 Instalaciones interiores o receptoras. Tubos y canales protectoras.
ITC-BT-22 Instalaciones interiores o receptoras. Protección contra sobreintensidades.
ITC-BT-23 Instalaciones interiores o receptoras. Protección contra sobretensiones.
ITC-BT-24 Instalaciones interiores o receptoras. Protección contra los contactos directos e indirectos.
ITC-BT-25 Instalaciones interiores en viviendas. Número de circuitos y características.
ITC-BT-26 Instalaciones interiores en viviendas. Prescripciones generales de instalación.
ITC-BT-27 Instalaciones interiores en viviendas. Locales que contienen una bañera o ducha.
ITC-BT-28 Instalaciones en locales de pública concurrencia.
ITC-BT-29 Prescripciones particulares para las instalaciones eléctricas de los locales con riesgo de incendio o explosión.
ITC-BT-30 Instalaciones en locales de características especiales.
ITC-BT-31 Instalaciones con fines especiales. Piscinas y fuentes.
ITC-BT-32 Instalaciones con fines especiales. Máquinas de elevación y transporte.
ITC-BT-33 Instalaciones con fines especiales. Instalaciones provisionales y temporales de obras.
ITC-BT-34 Instalaciones con fines especiales. Ferias y stands.
ITC-BT-35 Instalaciones con fines especiales. Establecimientos agrícolas y hortícolas.
ITC-BT-36 Instalaciones a muy baja tensión.
ITC-BT-37 Instalaciones a tensiones especiales.
ITC-BT-38 Instalaciones con fines especiales. Requisitos particulares para la instalación eléctrica en quirófanos y salas de intervención.
ITC-BT-39 Instalaciones con fines especiales. Cercas eléctricas para ganado.
ITC-BT-40 Instalaciones generadoras de baja tensión.
ITC-BT-41 Instalaciones eléctricas en caravanas y parques de caravanas.
ITC-BT-42 Instalaciones eléctricas en puertos y marinas para barcos de recreo.
ITC-BT-43 Instalación de receptores. Prescripciones generales.
ITC-BT-44 Instalación de receptores. Receptores para alumbrado.
ITC-BT-45 Instalación de receptores. Aparatos de caldeo.
ITC-BT-46 Instalación de receptores. Cables y folios radiantes en viviendas.
ITC-BT-47 Instalación de receptores. Motores.
ITC-BT-48 Instalación de receptores. Transformadores y autotransformadores. Reactancias y rectificadores. Condensadores.
ITC-BT-49 Instalaciones eléctricas en muebles.
ITC-BT-50 Instalaciones eléctricas en locales que contienen radiadores para saunas.
ITC-BT-51 Instalaciones de sistemas de automatización, gestión técnica de la energía y seguridad para viviendas y edificios.

Profesor

Nº de

Fdo:

Fecha:

2

SÍMBOLOS Y ESQUEMAS

Alumno

Práctica número: 2 A

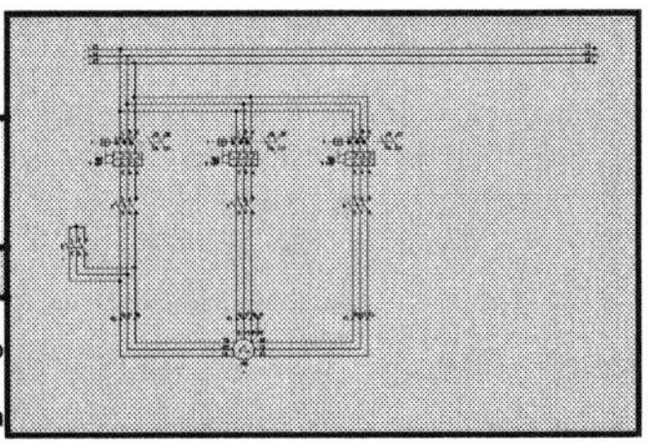

Objetivo

El objetivo principal es conseguir que los alumnos se familiaricen y conciencien con el manejo y la utilización de los esquemas y la simbología eléctrica

SÍMBOLOS Y ESQUEMAS

La simbología y los esquemas eléctricos están presentes en todas las aplicaciones utilizadas. Nos sirven como lenguaje único para poder transmitir informaciones de una persona a otra, de tal manera que el objetivo sea entendido y se pueda llevar a cabo de una manera correcta y única.

Actividad 1

Realizar el esquema de conexiones de una habitación, a mano, con dos interruptores conmutados y dos bases de toma de corriente, así como un punto de luz y una caja de derivación

Tipo de práctica:

Individual	X
Pareja	
Grupo	

Nº de horas	NOTA FINAL
1	

Fdo:

Fecha:

Práctica número: 2 B

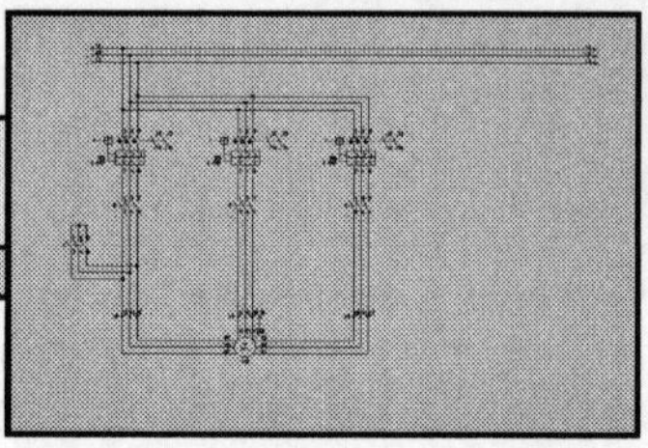

Objetivo

El objetivo principal es conseguir que los alumnos se familiaricen y conciencien con el manejo y la utilización de los esquemas y la simbología eléctrica

SÍMBOLOS Y ESQUEMAS

La simbología y los esquemas eléctricos están presentes en todas las aplicaciones utilizadas. Nos sirven como lenguaje único para poder transmitir informaciones de una persona a otra, de tal manera que el objetivo sea entendido y se pueda llevar a cabo de una manera correcta y única.

Actividad 1

Realiza un resumen con todos los símbolos eléctricos vistos hasta el momento.

Tipo de práctica:

Individual	X
Pareja	
Grupo	

Nº de horas	NOTA FINAL
1	

Fdo:

Fecha:

Práctica número: 2 C

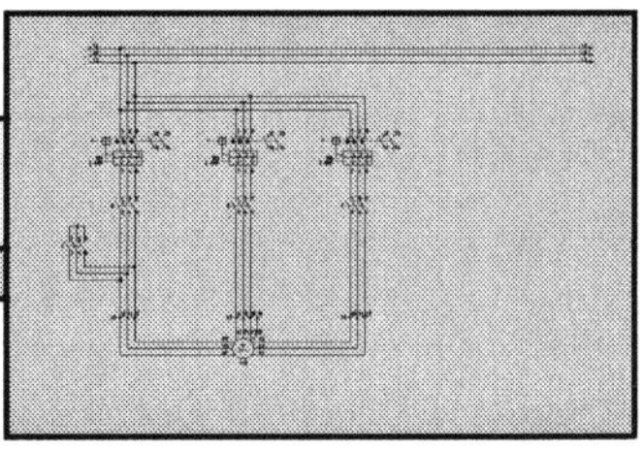

Objetivo

El objetivo principal es conseguir que los alumnos se familiaricen y conciencien con el manejo y la utilización de los esquemas y la simbología eléctrica

SÍMBOLOS Y ESQUEMAS

La simbología y los esquemas eléctricos están presentes en todas las aplicaciones utilizadas. Nos sirven como lenguaje único para poder transmitir informaciones de una persona a otra, de tal manera que el objetivo sea entendido y se pueda llevar a cabo de una manera correcta y única.

Actividad 1

Numerar de forma adecuada los símbolos de la actividad anterior

Tipo de práctica:

Individual	X
Pareja	
Grupo	

Nº de horas	NOTA FINAL
1	

Fdo:

Fecha:

Práctica número: 2 D

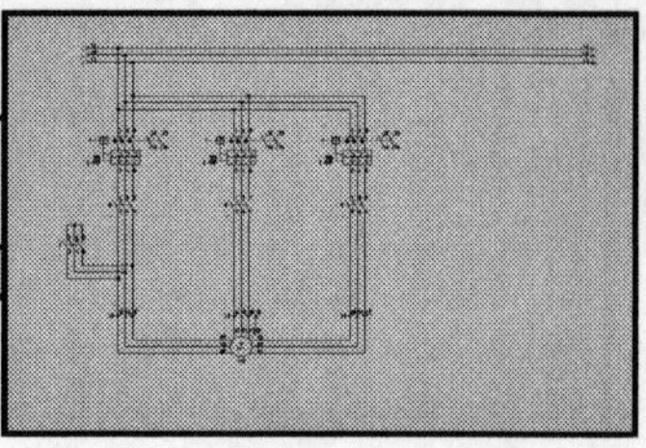

Objetivo

El objetivo principal es conseguir que los alumnos se familiaricen y conciencien con el manejo y la utilización de los esquemas y la simbología eléctrica

SÍMBOLOS Y ESQUEMAS

La simbología y los esquemas eléctricos están presentes en todas las aplicaciones utilizadas. Nos sirven como lenguaje único para poder transmitir informaciones de una persona a otra, de tal manera que el objetivo sea entendido y se pueda llevar a cabo de una manera correcta y única.

Actividad 1

Realizar con un programa de diseño gráfico el siguiente esquema propuesto, se trata de un motor Dahlander con dos direcciones de rotación, tres velocidades de giro y tres bobinados

Tipo de práctica:

Individual	X
Pareja	
Grupo	

Nº de horas	NOTA FINAL
1	

Fdo:

Fecha:

Profesor

Práctica número: 2 A

Objetivo

El objetivo principal es conseguir que los alumnos se familiaricen y conciencien con el manejo y la utilización de los esquemas y la simbología eléctrica

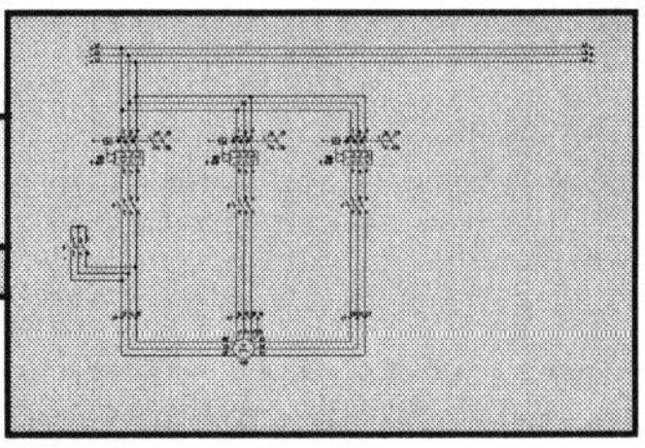

SÍMBOLOS Y ESQUEMAS

La simbología y los esquemas eléctricos están presentes en todas las aplicaciones utilizadas. Nos sirven como lenguaje único para poder transmitir informaciones de una persona a otra, de tal manera que el objetivo sea entendido y se pueda llevar a cabo de una manera correcta y única.

Actividad 1

Realizar el esquema de conexiones de una habitación, a mano, con dos interruptores conmutados y dos bases de toma de corriente, así como un punto de luz y una caja de derivación

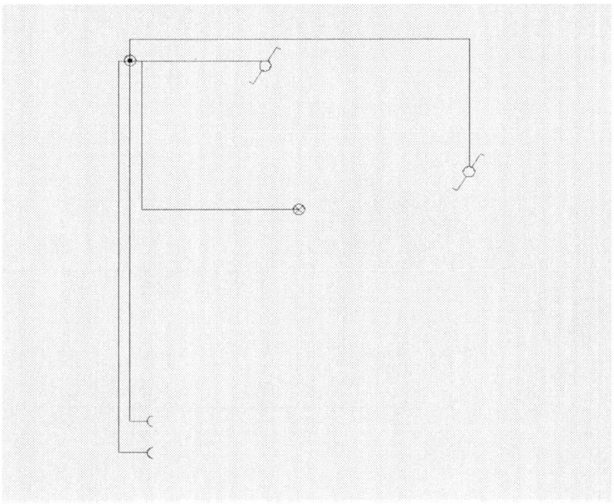

Profesor

Nº de

Fdo:

Fecha:

Práctica número: 2 B

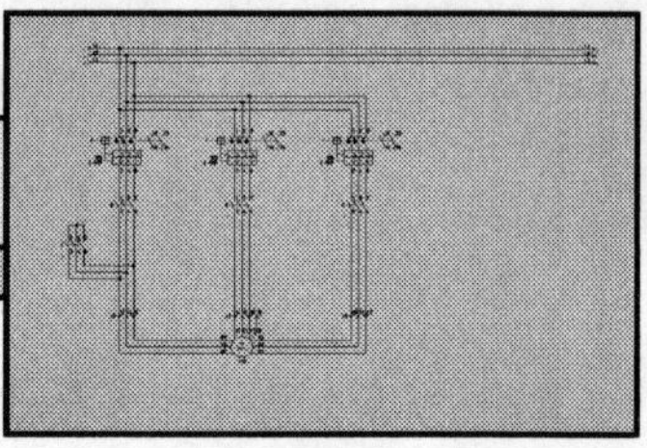

Objetivo

El objetivo principal es conseguir que los alumnos se familiaricen y conciencien con el manejo y la utilización de los esquemas y la simbología eléctrica

SÍMBOLOS Y ESQUEMAS

La simbología y los esquemas eléctricos están presentes en todas las aplicaciones utilizadas. Nos sirven como lenguaje único para poder transmitir informaciones de una persona a otra, de tal manera que el objetivo sea entendido y se pueda llevar a cabo de una manera correcta y única.

Actividad 1

Realiza un resumen con todos los símbolos eléctricos vistos hasta el momento.

Realizar un resumen con todos los símbolos vistos tanto esquema unifilar como multifilar

Profesor

Nº de

Fdo:

Fecha:

Práctica número: 2 C

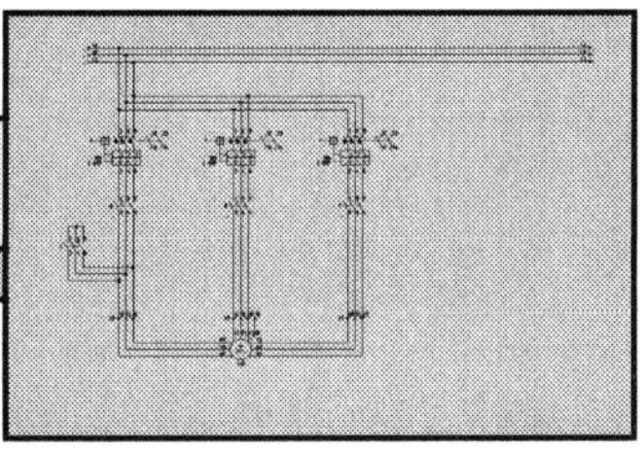

Objetivo

El objetivo principal es conseguir que los alumnos se familiaricen y conciencien con el manejo y la utilización de los esquemas y la simbología eléctrica

SÍMBOLOS Y ESQUEMAS

La simbología y los esquemas eléctricos están presentes en todas las aplicaciones utilizadas. Nos sirven como lenguaje único para poder transmitir informaciones de una persona a otra, de tal manera que el objetivo sea entendido y se pueda llevar a cabo de una manera correcta y única.

Actividad 1

Numerar de forma adecuada los símbolos de la actividad anterior

Con los símbolos de la actividad anterior numerar de forma adecuada los terminales de los símbolos

Profesor

Nº de

Fdo:

Fecha:

Práctica número: 2 D

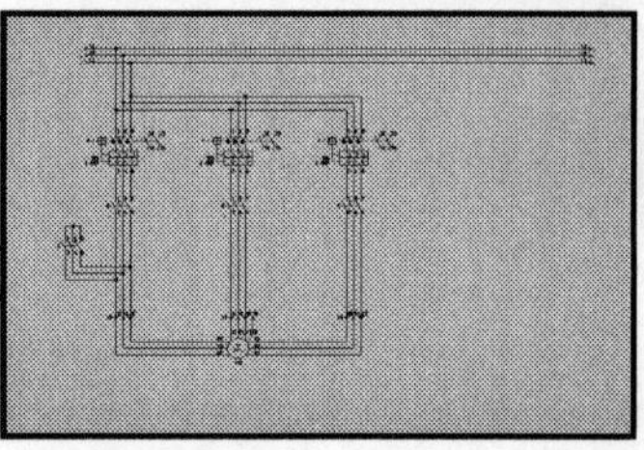

Objetivo

El objetivo principal es conseguir que los alumnos se familiaricen y conciencien con el manejo y la utilización de los esquemas y la simbología eléctrica

SÍMBOLOS Y ESQUEMAS

La simbología y los esquemas eléctricos están presentes en todas las aplicaciones utilizadas. Nos sirven como lenguaje único para poder transmitir informaciones de una persona a otra, de tal manera que el objetivo sea entendido y se pueda llevar a cabo de una manera correcta y única.

Actividad 1

Realizar con un programa de diseño gráfico el siguiente esquema propuesto, se trata de un motor Dahlander con dos direcciones de rotación, tres velocidades de giro y tres bobinados

Se utilizará un programa de diseño eléctrico, como CADdy, CADe_SIMU, Autocad, u otros.

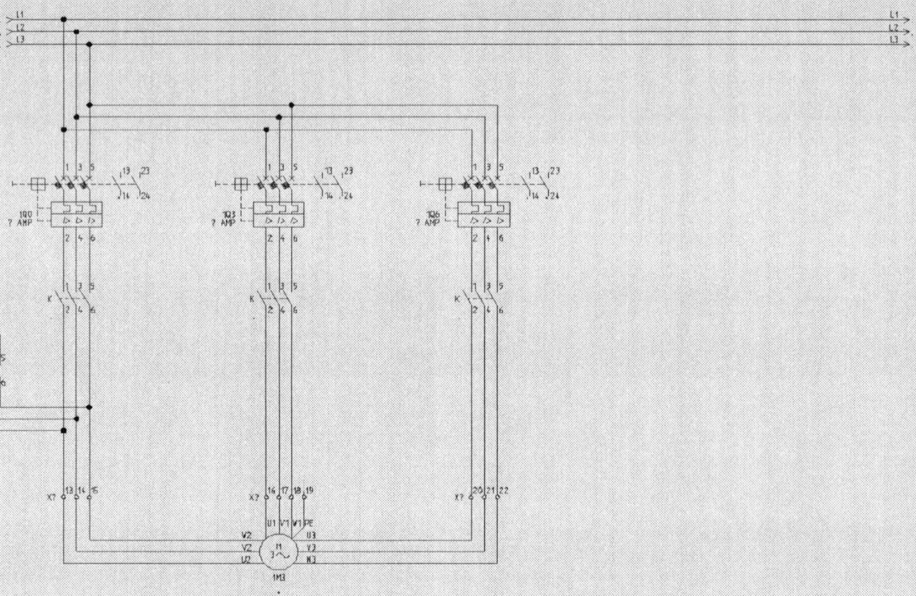

Profesor

Nº de

Fdo:

Fecha:

3

INSTRUMENTOS DE MEDIDA EN INSTALACIONES ELÉCTRICAS

Alumno

Práctica número: 3 A

Objetivo

El objeto de esta práctica es identificar y utilizar los instrumentos de medida más comunes para conocer y medir magnitudes eléctricas.

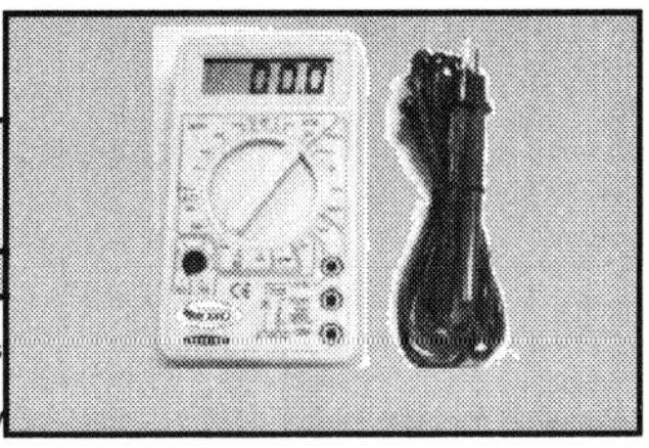

INSTRUMENTOS DE MEDIDA EN INSTALACIONES ELÉCTRICAS

Conocer los diferentes instrumentos de medida eléctricos nos va a permitir medir los valores de las magnitudes eléctricas de los circuitos. Es importante familiarizarse con ellos, conocer su funcionamiento, simbología y parámetros característicos.

Actividad 1

Listar los instrumentos existentes en el taller así como la magnitud que miden. Indica como mínimo 5 aparatos.

	Instrumento	*Medida*		*Instrumento*	*Medida*
1.-			**5.-**		
2.-			**6.-**		
3.-			**7.-**		
4.-			**8.-**		

Actividad 2

Se realiza la medida de intensidad de corriente de un circuito con un amperímetro de prueba y un amperímetro patrón.

Se obtienen las siguientes lecturas:

Amperímetro a prueba: 4,1 A.
Amperímetro patrón: 4 A.

Calcular los errores absoluto y relativo.

Actividad 3

Se realiza una serie de medidas con un amperímetro de prueba y un amperímetro patrón obteniéndose las siguientes lecturas:

	1ª	**2ª**	**3ª**	**4ª**
Amperímetro de prueba	1,5	2,5	4	7
Amperímetro patrón	1,6	2	3,8	6,7

El amperímetro de prueba tiene una escala de medidas que va desde 0 hasta 10 A.Calcular la clase (precisión) del amperímetro.

ea1 =

ea2 =

ea3 =

ea4 =

Clase

Tipo de práctica:

Individual	X
Pareja	
Grupo	

Nº de horas	**NOTA FINAL**
1	

Fdo:

Fecha:

Práctica número: 3 B

Objetivo

El objeto de esta práctica es identificar y utilizar los instrumentos de medida más comunes para conocer y medir magnitudes eléctricas.

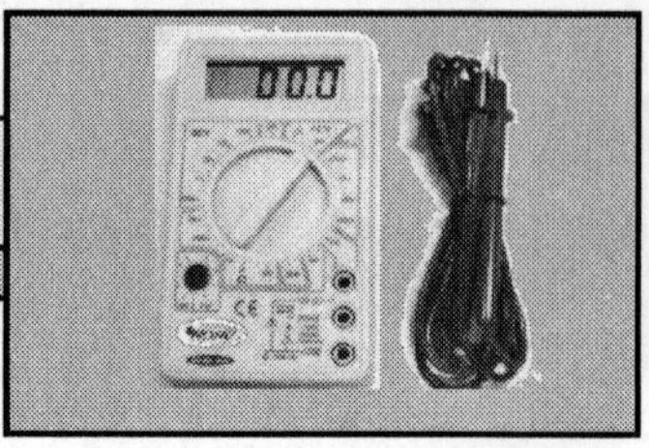

INSTRUMENTOS DE MEDIDA EN INSTALACIONES ELÉCTRICAS

Conocer los diferentes instrumentos de medida eléctricos nos va a permitir medir los valores de las magnitudes eléctricas de los circuitos. Es importante familiarizarse con ellos, conocer su funcionamiento, simbología y parámetros característicos.

Actividad 1

Rellena la tabla referida a la simbología de los instrumentos de medida

Símbolos utilizados para medir magnitudes eléctricas	
Símbolo	Significado
(A)	
(V)	
(W)	
(φ)	
(f)	
(var)	
(cosφ)	
(Ω)	
kWh	

Actividad 2

Indica los valores de medida de las resistencias si nos encontramos con los siguientes códigos de colores e indica qué colores debe tener la resistencia si tenemos los siguientes valores:

Banda 1	Banda 2	Multiplicador	Tolerancia	Valor
Rojo	Rojo	Marrón	Marrón	
Gris	Rojo	Naranja	Marrón	
Verde	Negro	Amarillo	Gris	
Marrón	Verde	Amarillo	Rojo	
Morado	Azul	Verde	Marrón	

Banda 1	Banda 2	Multiplicador	Tolerancia	Valor
				2k2 ± 2%
				73k ± 0.5%
				90k ± 2%
				7M4 ± 0.5%

Tipo de práctica:

Individual	X
Pareja	
Grupo	

Nº de horas	NOTA FINAL
30'	

Fdo:

Fecha:

Práctica número: 3 C

Objetivo

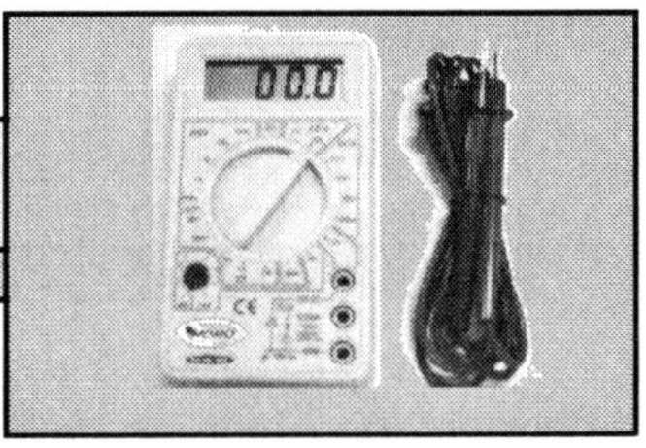

El objeto de esta práctica es identificar y utilizar los instrumentos de medida más comunes para conocer y medir magnitudes eléctricas.

INSTRUMENTOS DE MEDIDA EN INSTALACIONES ELÉCTRICAS

Conocer los diferentes instrumentos de medida eléctricos nos va a permitir medir los valores de las magnitudes eléctricas de los circuitos. Es importante familiarizarse con ellos, conocer su funcionamiento, simbologia y parámetros característicos.

Actividad 1

Monta el siguiente circuito eléctrico con el objetivo de conocer, manejar y leer correctamente el voltímetro, amperímetro y pinzas amperimétricas como aparatos de medida.

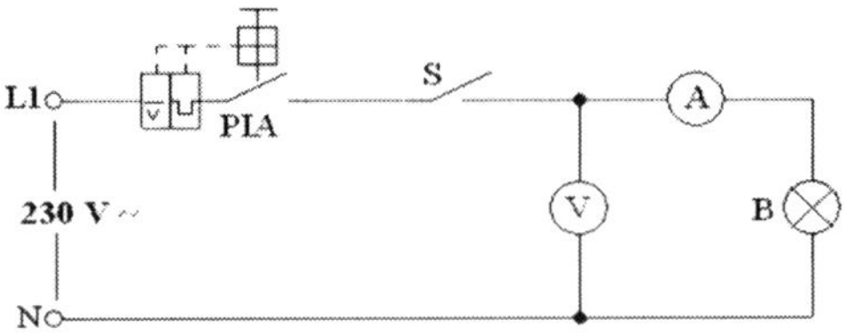

Los materiales que utilizaremos son los siguientes:

- **1 fuente de tensión 230V~.**
- **1 PIA de 10 A**
- **1 interruptor**
- **1 voltímetro de 0 a 300 V~.**
- **1 amperimetro de 0 a 2,5 A~.**
- **1 portalámparas**
- **1 lámpara 230V~100w.**
- **1 polímetro**

Calculos previos al montaje. ¿Qué intensidad circulará por la lámpara con los interruptores cerrados?

Una vez montado el circuito contesta las siguientes cuestiones:

1) La forma de conexión de un voltímetro es____________________________ ¿es necesario abrir el circuito para medir con él?_____.

2) La forma de conexión de un amperímetro es__________________________ ¿es necesario abrir el circuito para medir con él?_____.

3) La forma de medir la corriente con una pinza amperimetrica es ____¿es necesario abrir el circuito para medir con él?_____.

4) La resistencia interna de un voltímetro es de un valor__________.

5) La resistencia interna de un amperímetro es de un valor__________.

6) ¿Qué medida indica el voltímetro?__________.

7) ¿Qué medida indica el amperímetro?__________.

8) ¿Qué medida indica la pinza amperimétricas?__________.

Tipo de práctica:

Individual	
Pareja	X
Grupo	

Nº de horas	NOTA FINAL
2	

Fdo:

Fecha:

Práctica número: 3 D

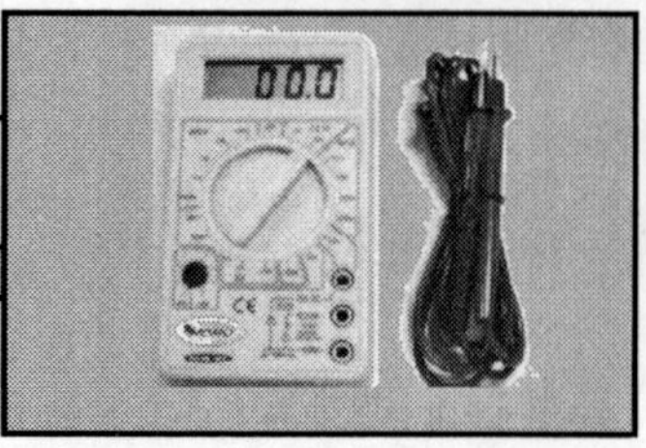

Objetivo

El objeto de esta práctica es identificar y utilizar los instrumentos de medida más comunes para conocer y medir magnitudes eléctricas.

INSTRUMENTOS DE MEDIDA EN INSTALACIONES ELÉCTRICAS

Conocer los diferentes instrumentos de medida eléctricos nos va a permitir medir los valores de las magnitudes eléctricas de los circuitos. Es importante familiarizarse con ellos, conocer su funcionamiento, simbología y parámetros característicos.

Actividad 1

Monta el siguiente circuito eléctrico con el objetivo de conectar correctamente un vatímetro. Una vez montado, compara los resultados con los valores leídos en el voltímetro y el amperímetro. Una vez comprendido el funcionamiento y los valores leídos, hallar el desfase entre la tensión y la intensidad en este circuito de corriente alterna.

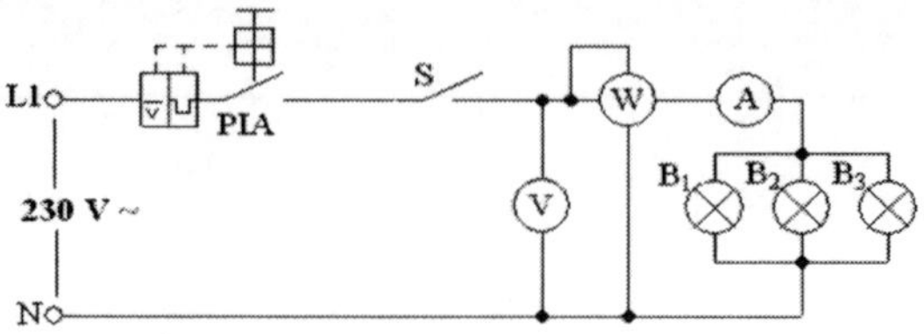

Los materiales que utilizaremos son los siguientes:

- **1 fuente de tensión 230V~.**
- **1 PIA de 10 A**
- **1 interruptor**
- **1 voltímetro de 0 a 300 V~.**
- **1 amperímetro de 0 a 2,5 A~.**
- **3 portalámparas**
- **3 lámpara 230V~100w.**
- **3 lámpara 230V~60w.**

Calculos previos al montaje. Con los interruptores cerrados ¿Qué intensidad circulará por cada grupo de lásparas?¿Cúal será la que circula por el PIA?

Una vez montado el circuito contesta las siguientes cuestiones:

1) Si el vatímetro marcase en sentido contrario, ¿a que se debería? ¿Cómo se corrige?

2) ¿Qué desfase existe entre la tensión y la intensidad cuando la lectura del vatímetro es igual al producto de las lecturas del voltímetro y amperímetro?

   ¿Qué valor tendría en este caso el coseno de σ?____________________.

3) ¿Puede ser mayor la lectura del vatímetro que el producto de las lecturas del voltímetro y amperímetro?______.

   ¿Por qué?____.

4) Puede ser menor la lectura del vatímetro que el producto de las lecturas del voltímetro y amperímetro?________.

   ¿Por qué?____.

Tipo de práctica:

Individual	X
Pareja	
Grupo	

Nº de horas	NOTA FINAL
3	

Fdo:

Fecha:

Práctica número: 3 E

Objetivo

El objeto de esta práctica es identificar y utilizar los instrumentos de medida más comunes para conocer y medir magnitudes eléctricas.

INSTRUMENTOS DE MEDIDA EN INSTALACIONES ELÉCTRICAS

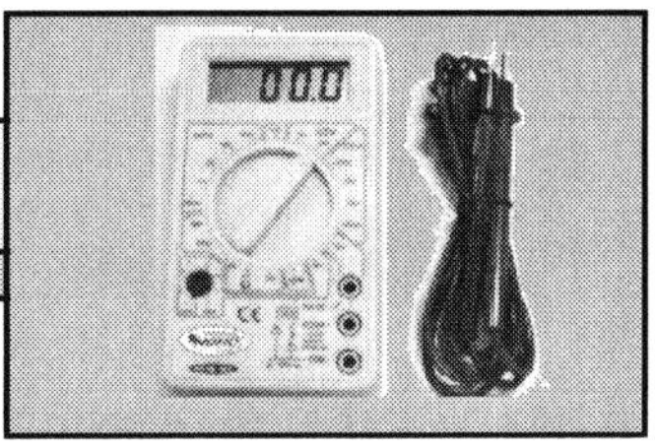

Conocer los diferentes instrumentos de medida eléctricos nos va a permitir medir los valores de las magnitudes eléctricas de los circuitos. Es importante familiarizarse con ellos, conocer su funcionamiento, simbología y parámetros característicos.

Actividad 1

Indica los instrumentos de medida de magnitudes eléctricas que identificas en la fotografía y comenta algún otro aparato de interés con el profesor y con el compañero.

Tipo de práctica:	
Individual	
Pareja	X
Grupo	

Nº de horas	NOTA FINAL
30'	

Fdo:

Fecha:

Práctica número: 3 F

Objetivo

El objeto de esta práctica es identificar y utilizar los instrumentos de medida más comunes para conocer y medir magnitudes eléctricas.

INSTRUMENTOS DE MEDIDA EN INSTALACIONES ELÉCTRICAS

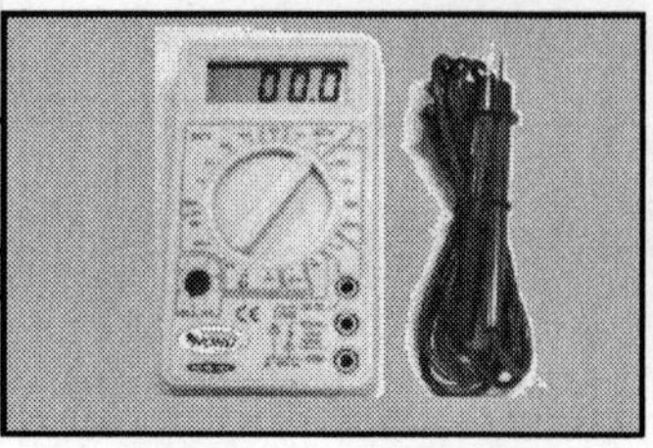

Conocer los diferentes instrumentos de medida eléctricos nos va a permitir medir los valores de las magnitudes eléctricas de los circuitos. Es importante familiarizarse con ellos, conocer su funcionamiento, simbología y parámetros característicos.

Actividad 1

Realiza el montaje del siguiente esquema eléctrico así como su conexionado para obtener la medida de la resistencia de aislamiento de cada uno de los conductores (fase y neutro) respecto a tierra:

Sigue y ten presente los siguientes pasos:

- **Instalación desconectada de la red**
- **Todos los receptores desconectados**
- **Interruptores cerrados**

¿Qué valor indica el meghometro?

Interpreta y comenta los resultados con tus compañeros.

Tipo de práctica:

Individual	
Pareja	X
Grupo	

Nº de horas	NOTA FINAL
1	

Fdo:

Fecha:

Profesor

Práctica número: 3 A

Objetivo

El objeto de esta práctica es identificar y utilizar los instrumentos de medida más comunes para conocer y medir magnitudes eléctricas.

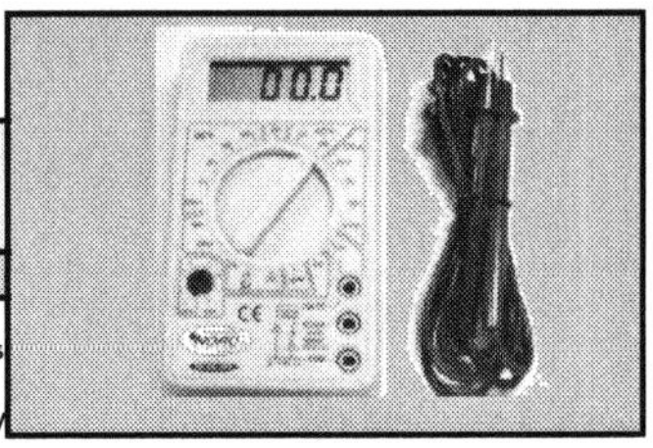

INSTRUMENTOS DE MEDIDA EN INSTALACIONES ELÉCTRICAS

Conocer los diferentes instrumentos de medida eléctricos nos va a permitir medir los valores de las magnitudes eléctricas de los circuitos. Es importante familiarizarse con ellos, conocer su funcionamiento, simbología y parámetros característicos.

Actividad 1

Listar los instrumentos existentes en el taller asi como la magnitud que miden. Indica como mínimo 5 aparatos.

Instrumento	*Medida*
1.- Voltímetro	Diferencia de potencial
2.- Amperímetro	Intensidad
3.- Watímetro	Potencia
4.- Polímetro	Varias

Aparato	*Medida*
5.- Óhmetro	Resistencia
6.- Megger	Resistencia de aislamiento
7.- Luxómetro	Intensidad de la luz
8.- Buscapolos	Localización de fase

Actividad 2

Se realiza la medida de intensidad de corriente de un circuito con un amperímetro de prueba y un amperímetro patrón.

Se obtienen las siguientes lecturas:

Amperímetro a prueba: 4,1 A.
Amperímetro patrón: 4 A.

Calcular los errores absoluto y relativo.

Solución:

ea = Valor leído – Valor real = 4,1 – 4 = 0,1

er = (ea / Valor real) • 100= (0,1 / 4) • 100 = 2,5%

Actividad 3

Se realiza una serie de medidas con un amperímetro a prueba y un amperímetro patrón obteniéndose las siguientes lecturas:

	1ª	**2ª**	**3ª**	**4ª**
Amperímetro de prueba	1,5	2,5	4	7
Amperímetro patrón	1,6	2	3,8	6,7

El amperímetro de prueba tiene una escala de medidas que va desde 0 hasta 10 A.Calcular la clase (precisión) del amperímetro.

Solución:

ea 1 = Valor leído - Valor real = 1,5 - 1,6 = - 0,1

ea 2 = Valor leído - Valor real = 2,5 - 2 = 0,5

ea 3 = Valor leído - Valor real = 4 - 3,8 = 0,2

ea 4 = Valor leído - Valor real = 7 - 6,7 = 0,3

El error absoluto máximo es 0,5.

Clase = (ea max / Valor final de escala) · 100 = 5

Por lo tanto, el aparato es de Clase 5.

Clase 5

Profesor

Nº de ...

Fdo:

Fecha:

Práctica número: 3 B

Objetivo

El objeto de esta práctica es identificar y utilizar los instrumentos de medida más comunes para conocer y medir magnitudes eléctricas.

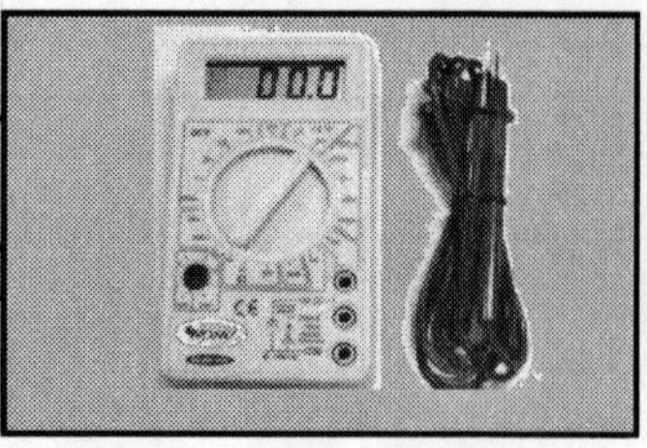

INSTRUMENTOS DE MEDIDA EN INSTALACIONES ELÉCTRICAS

Conocer los diferentes instrumentos de medida eléctricos nos va a permitir medir los valores de las magnitudes eléctricas de los circuitos. Es importante familiarizarse con ellos, conocer su funcionamiento, simbología y parámetros característicos.

Actividad 1

Rellena la tabla referida a la simbología de los instrumentos de medida

Símbolos utilizados para medir magnitudes eléctricas	
Símbolo	**Significado**
(A)	Amperímetro
(V)	Voltímetro
(W)	Vatímetro
(φ)	Fasímetro
(f)	Frecuencímetro
(var)	Varímetro
(cosφ)	Fasímetro
(Ω)	Ohmetro
kWh	Contador energía activa

Actividad 2

Indica los valores de medida de las resistencias si nos encontramos con los siguientes códigos de colores e indica qué colores debe tener la resistencia si tenemos los siguientes valores:

Banda 1	Banda 2	Multiplicador	Tolerancia	Valor
Rojo	Rojo	Marrón	Marrón	220R ± 1%
Gris	Rojo	Naranja	Marrón	82k ± 1%
Verde	Negro	Amarillo	Gris	500k ± 0.05%
Marrón	Verde	Amarillo	Rojo	150k ± 2%
Morado	Azul	Verde	Marrón	7M6 ± 1%

Banda 1	Banda 2	Multiplicador	Tolerancia	Valor
Rojo	Rojo	Rojo	Rojo	2k2 ± 2%
Morado	Naranja	Naranja	Rojo	73k ± 0.5%
Blanco	Negro	Naranja	Rojo	90k ± 2%
Morado	Amarillo	Verde	Verde	7M4 ± 0.5%

Profesor

Nº de [illegible]

30'

Fdo:

Fecha:

Práctica número: 3 C

Objetivo

El objeto de esta práctica es identificar y utilizar los instrumentos de medida más comunes para conocer y medir magnitudes eléctricas.

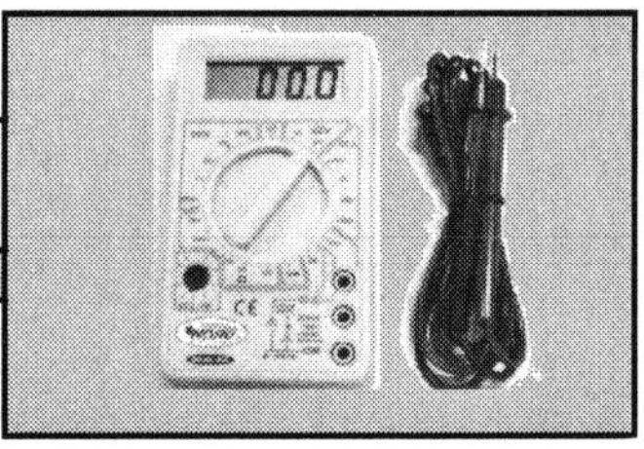

INSTRUMENTOS DE MEDIDA EN INSTALACIONES ELÉCTRICAS

Conocer los diferentes instrumentos de medida eléctricos nos va a permitir medir los valores de las magnitudes eléctricas de los circuitos. Es importante familiarizarse con ellos, conocer su funcionamiento, simbología y parámetros característicos.

Actividad 1

Monta el siguiente circuito eléctrico con el objetivo de conocer, manejar y leer correctamente el voltímetro, amperímetro y pinzas amperimétricas como aparatos de medida.

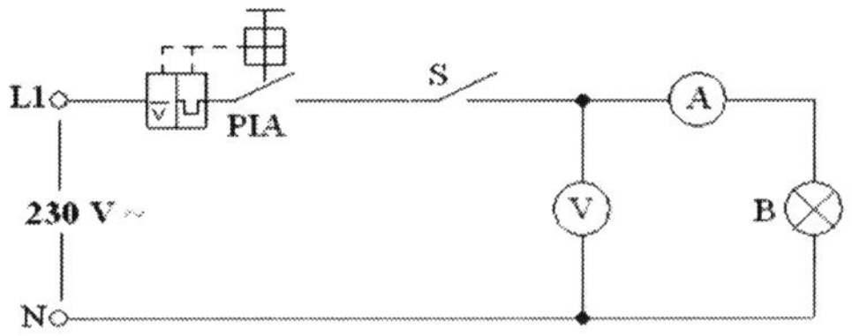

Los materiales que utilizaremos son los siguientes:

- **1 fuente de tensión 230V~.**
- **1 PIA de 10 A**
- **1 interruptor**
- **1 voltimetro de 0 a 300 V~.**
- **1 amperímetro de 0 a 2,5 A~.**
- **1 portalámparas**
- **1 lámpara 230V~100w.**
- **1 polímetro**

Calculos previos al montaje. ¿Qué intensidad circulará por la lámpara con los interruptores cerrados?

$$I = \frac{P}{V} = \frac{100}{230} = 0{,}43\ A$$

Una vez montado el circuito contesta las siguientes cuestiones:

1) La forma de conexión de un voltímetro es en paralelo. ¿es necesario abrir el circuito para medir con él? No.

2) La forma de conexión de un amperímetro es en serie ¿es necesario abrir el circuito para medir con él? Sí.

3) La forma de medir la corriente con una pinza amperimetrica es introduciendo fase o el neutro en el centro de la pinza ¿es necesario abrir el circuito para medir con él? No.

4) La resistencia interna de un voltímetro es de un valor muy alto.

5) La resistencia interna de un amperímetro es de un valor muy baja.

6) ¿Qué medida indica el voltímetro? 230V~.

7) ¿Qué medida indica el amperímetro? 0,43 A~.

8) ¿Qué medida indica la pinza amperimétricas? 0,43 A~.

Profesor

Nº de ...

2

Fdo:

Fecha:

Práctica número: 3 D

Objetivo

El objeto de esta práctica es identificar y utilizar los instrumentos de medida más comunes para conocer y medir magnitudes eléctricas.

INSTRUMENTOS DE MEDIDA EN INSTALACIONES ELÉCTRICAS

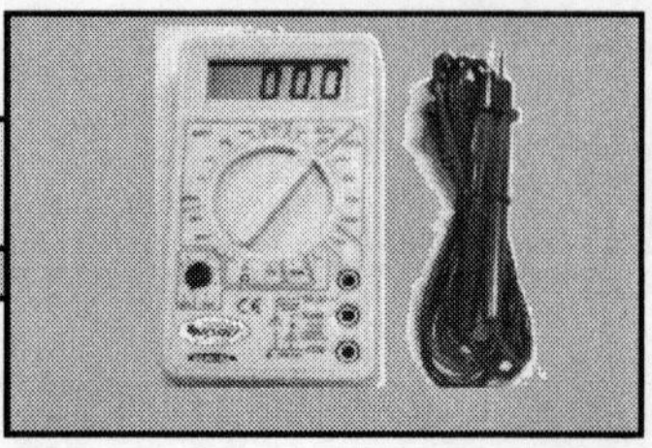

Conocer los diferentes instrumentos de medida eléctricos nos va a permitir medir los valores de las magnitudes eléctricas de los circuitos. Es importante familiarizarse con ellos, conocer su funcionamiento, simbología y parámetros característicos.

Actividad 1

Monta el siguiente circuito eléctrico con el objetivo de conectar correctamente un vatímetro. Una vez montado, compara los resultados con los valores leídos en el voltímetro y el amperímetro. Una vez comprendido el funcionamiento y los valores leídos, hallar el desfase entre la tensión y la intensidad en este circuito de corriente alterna.

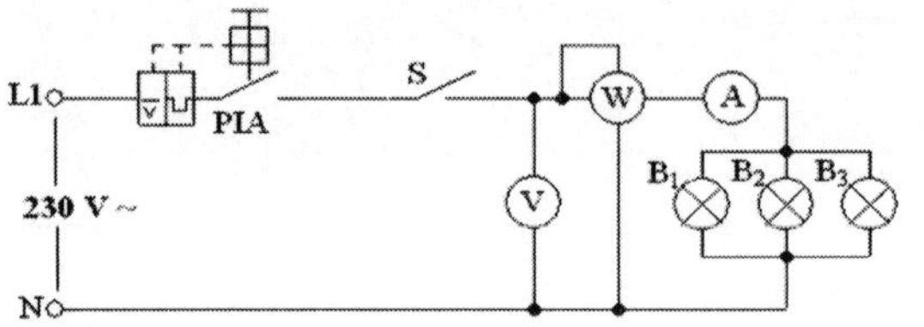

Los materiales que utilizaremos son los siguientes:

- **1 fuente de tensión 230V~.**
- **1 PIA de 10 A**
- **1 interruptor**
- **1 voltímetro de 0 a 300 V~.**
- **1 amperímetro de 0 a 2,5 A~.**
- **3 portalámparas**
- **3 lámpara 230V~100w.**
- **3 lámpara 230V~60w.**

Calculos previos al montaje. Con los interruptores cerrados ¿Qué intensidad circulará por cada grupo de lásparas?¿Cúal será la que circula por el PIA?

Con las tres bombillas de 100 vatios: $I = \frac{P}{V} = \frac{100}{230} = 0{,}43\ A$ Luego la intensidad total es 1,29 A.

Con las tres bombillas de 60 vatios: $I = \frac{P}{V} = \frac{60}{230} = 0{,}26\ A$ Luego la intensidad total es 0,78 A.

Una vez montado el circuito contesta las siguientes cuestiones:

1) Si el vatímetro marcase en sentido contrario, ¿a que se debería? ¿Cómo se corrige?

2) ¿Qué desfase existe entre la tensión y la intensidad cuando la lectura del vatímetro es igual al producto de las lecturas del voltímetro y amperímetro? No hay ninguno.

¿Qué valor tendría en este caso el coseno de σ? La unidad.

3) ¿Puede ser mayor la lectura del vatímetro que el producto de las lecturas del voltímetro y amperímetro? No.

¿Por qué? Por que el coseno φ no puede ser mayor que 1.

4) Puede ser menor la lectura del vatímetro que el producto de las lecturas del voltímetro y amperímetro? Si.

¿Por qué? Por que el coseno φ está comprendido entre 0 y 1.

Profesor

Nº de ...

Fdo:

Fecha:

Práctica número: 3 E

Objetivo

El objeto de esta práctica es identificar y utilizar los instrumentos de medida más comunes para conocer y medir magnitudes eléctricas.

INSTRUMENTOS DE MEDIDA EN INSTALACIONES ELÉCTRICAS

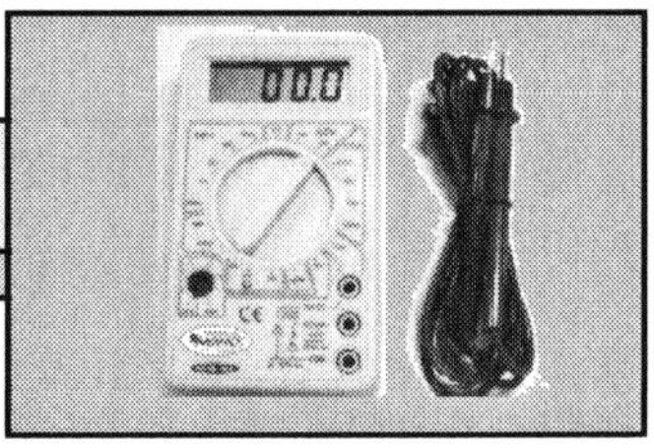

Conocer los diferentes instrumentos de medida eléctricos nos va a permitir medir los valores de las magnitudes eléctricas de los circuitos. Es importante familiarizarse con ellos, conocer su funcionamiento, simbología y parámetros característicos.

Actividad 1

Indica los instrumentos de medida de magnitudes eléctricas que identificas en la fotografía y comenta algún otro aparato de interés con el profesor y con el compañero.

De izquierda a derecha y de arriba hacia abajo:

Caja de mecanismos
Tubo corrugado
Voltímetro
Crimpadora
Llave abrir armarios eléctricos
Alicates pelacables
Bombilla tradicional
Cinta aislante
Tijeras de electricista
Alicates electricistas
Bombilla de bajo consumo
Polímetro
Destornilladores de electricista
Amperímetro
Destornillador busca polos
Pinza amperimétrica
Interruptor magnetotérmico
Alargador eléctrico
Osciloscopio
Flexómetro
Regletas eléctricas

Profesor

Nº de

30'

Fdo:

Fecha:

Práctica número: 3 F

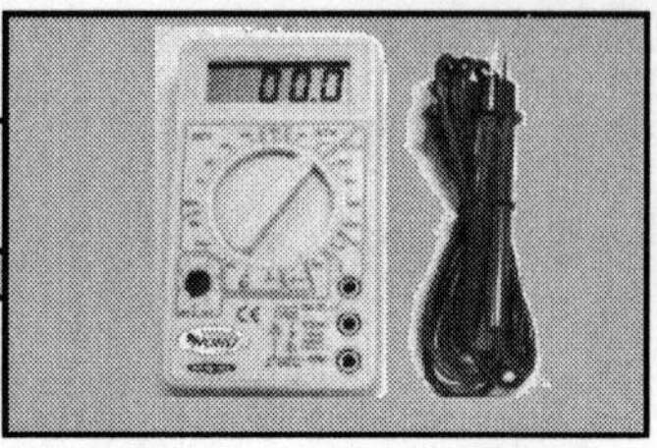

Objetivo

El objeto de esta práctica es identificar y utilizar los instrumentos de medida más comunes para conocer y medir magnitudes eléctricas.

INSTRUMENTOS DE MEDIDA EN INSTALACIONES ELÉCTRICAS

Conocer los diferentes instrumentos de medida eléctricos nos va a permitir medir los valores de las magnitudes eléctricas de los circuitos. Es importante familiarizarse con ellos, conocer su funcionamiento, simbología y parámetros característicos.

Actividad 1

Realiza el montaje del siguiente esquema eléctrico así como su conexionado para obtener la medida de la resistencia de aislamiento de cada uno de los conductores (fase y neutro) respecto a tierra:

Sigue y ten presente los siguientes pasos:

- **Instalación desconectada de la red**
- **Todos los receptores desconectados**
- **Interruptores cerrados**

¿Qué valor indica el meghometro?

Interpreta y comenta los resultados con tus compañeros.

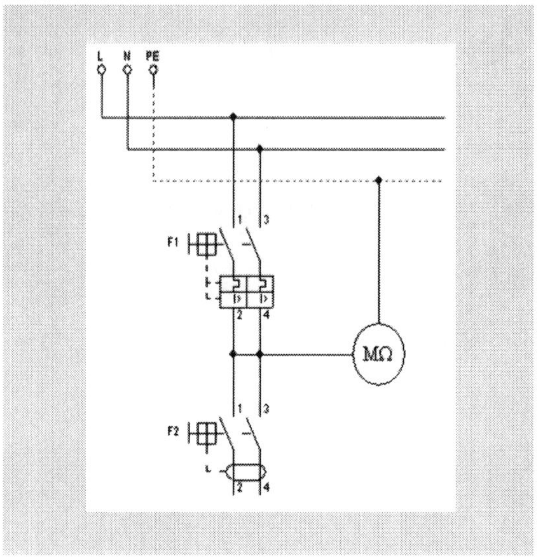

Profesor

Nº de ...

Fdo:

Fecha:

4

INSTALACIONES DE ALUMBRADO DE EMERGENCIA

Alumno

Práctica número: 4 A

Objetivo

Conocer y diferenciar los locales de pública concurrencia, los diferentes tipos de alumbrado de emergencia y determinar las características de las luminarias de emergencia.

INSTALACIONES DE ALUMBRADO DE EMERGENCIA

La simbología y los esquemas eléctricos están presentes en todas las aplicaciones utilizadas. Nos sirven como lenguaje único para poder transmitir informaciones de una persona a otra, de tal manera que el objetivo sea entendido y se pueda llevar a cabo de

Actividad 1

Realiza una tabla resumen de los suminstros de seguridad.

Locales	Alumbrado de emergencia	Suministro de socorro	Suministro de reserva

Tipo de práctica:

Individual	X
Pareja	
Grupo	

Nº de horas	NOTA FINAL
1	

Fdo:

Fecha:

Práctica número: 4 B

Objetivo

Conocer y difernciar los locales de pública concurrencia, los diferentes tipos de alumbrado de emergencia y determinar las características de las luminarias de emergencia.

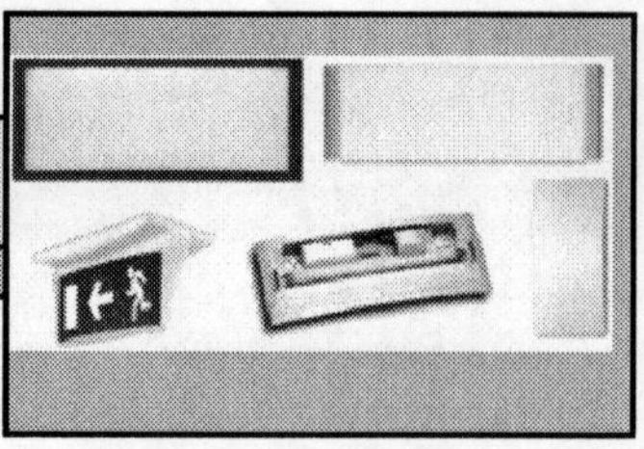

INSTALACIONES DE ALUMBRADO DE EMERGENCIA

Se donomina alumbrado de emergencia al circuito de alumbrado automatico e independiente que se utiliza para

señalar las zonas de evacuacion en caso de emergencia y cuando no funcione el alumbrado habitual

Actividad 1

Dada las siguientes tablas de una luminaria de emergencia indica sus características

1.	X	0	*B*D	120
2.	X	2	*B**	*60
3.	Z	4	ABD*	***
4.	X	3	**D	180
5.	Z	4	**D	***

Actividad 2

Realiza un resumen de los tipos de alumbrado existentes y haz un pequeño resumen de cada uno de ellos

Tipo de práctica:

Individual	X
Pareja	
Grupo	

Nº de horas	NOTA FINAL
1	

Fdo:

Fecha:

Práctica número: 4 C

Objetivo

Conocer y difernciar los locales de pública concurrencia, los diferentes tipos de alumbrado de emergencia y determinar las características de las luminarias de emergencia.

INSTALACIONES DE ALUMBRADO DE EMERGENCIA

La simbología y los esquemas eléctricos están presentes en todas las aplicaciones utilizadas. Nos sirven como lenguaje único para poder transmitir informaciones de una persona a otra, de tal manera que el objetivo sea entendido y se pueda llevar a cabo de

Actividad 1

Instalación de una luminara autónoma de emergencia de tipo no permanente, que funcionará al desconectar el interruptor que alimenta a una bombilla de 230 v. La instalación se realizará sobre una tabla de aglomerado y tendrá que tener una caja de distribución a la que se le acoplará el tubo corrugado, realizar el esquema eléctrico antes de comenzar la instalación.

Tipo de práctica:

Individual	X
Pareja	
Grupo	

Nº de horas	NOTA FINAL
1	

Fdo:

Fecha:

Profesor

Práctica número: 4 A

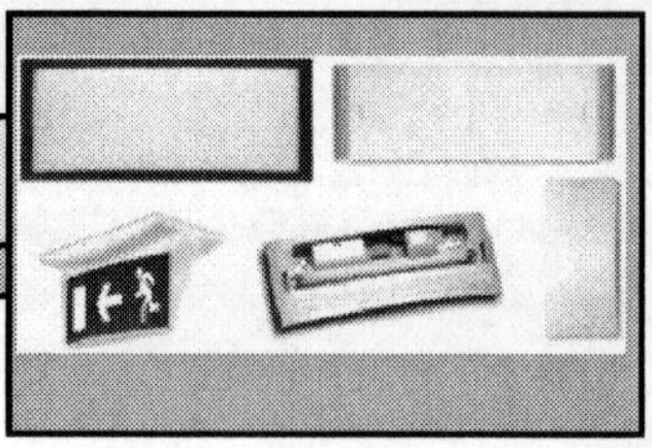

Objetivo

Conocer y difernciar los locales de pública concurrencia, los diferentes tipos de alumbrado de emergencia y determinar las características de las luminarias de emergencia.

INSTALACIONES DE ALUMBRADO DE EMERGENCIA

Se donomina alumbrado de emergencia al circuito de alumbrado automatico e independiente que se utiliza para

señalar las zonas de evacuacion en caso de emergencia y cuando no funcione el alumbrado habitual

Actividad 1

Realiza una tabla resumen de los suminstros de seguridad.

Locales	Alumbrado de emergencia	Suministro de socorro	Suministro de reserva
Espectáculos	Siempre	Siempre	
Actividades recreativas	Siempre	Siempre	
Reunión	Siempre	Ocupación mayor de 300 personas	
Centros de trabajo	Siempre	Ocupación mayor de 300 personhas	
Uso sanitario	Siempre	Ocupación mayor de 300 personhas	
Hoteles	siempre		
Hospitales - uso sanitario	siempre		siempre
Estaciones	siempre		siempre
Parkings	siempre		Más de 100 vehículos
Comercios	Siempre		Más de 2000 m2 de superficie
Estadios	Siempre		Siempre

Profesor

Nº de

Fdo:

Fecha:

Práctica número: 4 B

Objetivo

Conocer y difernciar los locales de pública concurrencia, los diferentes tipos de alumbrado de emergencia y determinar las características de las luminarias de emergencia.

INSTALACIONES DE ALUMBRADO DE EMERGENCIA

Se donomina alumbrado de emergencia al circuito de alumbrado automatico e independiente que se utiliza para

señalar las zonas de evacuacion en caso de emergencia y cuando no funcione el alumbrado habitual

Actividad 1

Dada las siguientes tablas de una luminaria de emergencia indica sus características

1.

X	0	*B*D	120

Aparato autónomo, no permanente, con puesta en estado de reposo a distancia, luminaria para zonas de alto riesgo y una autonomía de 2 horas.

2.

X	2	*B**	*60

Aparato autónomo, combinado no permanente, con puesta en estado de reposo a distancia y una autonomia de 1 hora.

3.

Z	4	ABD*	***

Aparato alimentado por fuente central, compuesto no permanente, con dispositivo de verificación incorporado, puesta en estado de reposo a distancia y luminaria para zonas de alto riesgo.

4.

X	3	**D	180

Aparato autónomo, combinado permanente para zonas de alto riesgo y una autonomia de 3 horas.

5.

Z	4	**D	***

Aparato alimentado por fuente central, compuesto no permanente para zonas de alto riesgo.

Actividad 2

Realiza un resumen de los tipos de alumbrado existentes y haz un pequeño resumen de cada uno de ellos

- Alumbrado de seguridad: para garantizar la seguridad de las personas que evacuan la zona (fallo general ó tensión < 70% de la nominal)
- Alumbrado de evacuación: permitir el reconocimiento ó uso de medios ó rutas de evacuación.
- Antipánico ó ambiente: eliminar todo riesgo de pánico y dar una iluminación ambiente adecuada.
- Alumbrado de zonas de alto riesgo: para asegurar la seguridad de personas ocupadas en actividades potencialmente peligrosas.
- Alumbrado de reemplazamiento: permite la continuación de las actividades normales (hospital)

Profesor

Fdo:

Fecha:

Práctica número: 4 C

Objetivo

Conocer y difernciar los locales de pública concurrencia, los diferentes tipos de alumbrado de emergencia y determinar las características de las luminarias de emergencia.

INSTALACIONES DE ALUMBRADO DE EMERGENCIA

Se donomina alumbrado de emergencia al circuito de alumbrado automatico e independiente que se utiliza para

señalar las zonas de evacuacion en caso de emergencia y cuando no funcione el alumbrado habitual

Actividad 1

Instalación de una luminara autónoma de emergencia de tipo no permanente, que funcionará al desconectar el interruptor que alimenta a una bombilla de 230 v. La instalación se realizará sobre una tabla de aglomerado y tendrá que tener una caja de distribución a la que se le acoplará el tubo corrugado, realizar el esquema eléctrico antes de comenzar la instalación.

La instalación deberá realizarse sobre una tabla de aglomerado sujetando los componentes de forma adecuada.

Esquema eléctrico

Profesor

Nº de

Fdo:

Fecha:

5

CALIDAD EN LAS INSTALACIONES

Alumno

Práctica número: 5 A

Objetivo

El objetivo principal es conseguir que los alumnos se familiaricen y conciencien con la filosofía de CALIDAD, conociendo como repercute en el proceso y conociendo una de sus herramientas (los procedimientos)

CALIDAD EN LAS INSTALACIONES

La calidad debe estar presente en todas nuestras actuaciones de la vida, Ello redundará en un menor coste económico y nos permitirá evitar situaciones de riesgo relacionadas con nuestra instalación y que pueden repercutir en nuestra salud.

Actividad 1

Realiza una redacción donde des tu opinión sobre qué es la calidad, porqué la consideras necesaria y qué les sucede a las empresas o servicios que no la tienen en cuenta por no considerarla necesaria:

Actividad 2

¿Consideras qué la calidad es cara? ¿Porqué?

Cita algún ejemplo o experiencia, con algún producto, donde hayas considerado la calidad como mala.

Tipo de práctica:

Individual	X
Pareja	
Grupo	

Nº de horas	NOTA FINAL
1	

Fdo:

Fecha:

Práctica número: 5 B

Objetivo

El objetivo principal es conseguir que los alumnos se familiaricen y conciencien con la filosofía de CALIDAD, conociendo como repercute en el proceso y conociendo una de sus herramientas (los procedimientos)

CALIDAD EN LAS INSTALACIONES

La calidad debe estar presente en todas nuestras actuaciones de la vida, Ello redundará en un menor coste económico y nos permitirá evitar situaciones de riesgo relacionadas con nuestra instalación y que pueden repercutir en nuestra salud.

Actividad 1

Describe que es un procedimiento y en que ocasiones se debe aplicar

Actividad 2

Comenta la clasificación en cuanto a los defectos aparecidos en una instalación que hace la ITC BT 05

Tipo de práctica:

Individual	X
Pareja	
Grupo	

Nº de horas	NOTA FINAL
1	

Fdo:

Fecha:

Práctica número: 5 C

AENOR

Empresa Registrada

Objetivo

El objetivo principal es conseguir que los alumnos se familiaricen y conciencien con la filosofía de CALIDAD, conociendo como repercute en el proceso y conociendo una de sus herramientas (los procedimientos)

CALIDAD EN LAS INSTALACIONES

La calidad debe estar presente en todas nuestras actuaciones de la vida, Ello redundará en un menor coste económico y nos permitirá evitar situaciones de riesgo relacionadas con nuestra instalación y que pueden repercuti en nuestra salud.

Actividad 1

Elabora un procedimiento en base a lo explicado en clase que pueda servir de base para verificar las instalaciones llevadas a cabo en prácticas anteriores

	Muy graves	==>	**Negativa**
Defectos	**Graves**	==>	**Condicionada**
	Leves	==>	**Favorable**

Instalación elegida

Nombre	**Resultado**

Tipo de práctica:	
Individual	
Pareja	X
Grupo	

Nº de horas	**NOTA FINAL**
4	

Fdo:

Fecha:

Profesor

Práctica número: 5 A

AENOR

Empresa Registrada

Objetivo

El objetivo principal es conseguir que los alumnos se familiaricen y conciencien con la filosofía de CALIDAD, conociendo como repercute en el proceso y conociendo una de sus herramientas (los procedimientos)

CALIDAD EN LAS INSTALACIONES

La calidad debe estar presente en todas nuestras actuaciones de la vida, Ello redundará en un menor coste económico y nos permitirá evitar situaciones de riesgo relacionadas con nuestra instalación y que pueden repercutir en nuestra salud.

Actividad 1

Realiza una redacción donde des tu opinión sobre qué es la calidad, porqué la consideras necesaria y qué les sucede a las empresas o servicios que no la tienen en cuenta por no considerarla necesaria:

Ejercicio de libre expresión

Debe reflejar el sentimiento de que sin calidad las empresas no tienen futuro y que es una manera de hacer bien las cosas a la primer apara no perder dinero en tener que re-hacerlas

Actividad 2

¿Consideras qué la calidad es cara? ¿Porqué?

La calidad en su justa medida no es cara, esta basada en el triangulo Calidad Coste y plazo, ninguno de los tres debe superar a los demás

Cita algún ejemplo o experiencia, con algún producto, donde hayas considerado la calidad como mala.

Libre comentario

Problema de TOYOTA con los veh estadounidenses

Profesor

Nº de

Fdo:

Fecha:

Práctica número: 5 B

Objetivo

El objetivo principal es conseguir que los alumnos se familiaricen y conciencien con la filosofía de CALIDAD, conociendo como repercute en el proceso y conociendo una de sus herramientas (los procedimientos)

CALIDAD EN LAS INSTALACIONES

AENOR
ER
Empresa Registrada

La calidad debe estar presente en todas nuestras actuaciones de la vida, Ello redundará en un menor coste económico y nos permitirá evitar situaciones de riesgo relacionadas con nuestra instalación y que pueden repercutir en nuestra salud.

Actividad 1

Describe que es un procedimiento y en que ocasiones se debe aplicar

Un procedimiento es una herramienta de calidad que nos dice que es lo que tenemos que hacer y nos marca que resultado nos da y como debemos actuar ante este resultado

Actividad 2

Comenta la clasificación en cuanto a los defectos aparecidos en una instalación que hace la ITC BT 05

La MIE BT 05 establece la catalogación de defectos en tres niveles:

*- **Muy graves** (aquéllos que conllevan un peligro inmediato para la seguridad de personas y bienes, como la posibilidad de contacto directo o el incumplimiento de medidas de seguridad en instalaciones de pública concurrencia, con riesgo de incendio o explosión, quirófanos, etc.);*

*- **Graves** (los que no suponen un peligro inmediato, pero pueden producirlo en caso de accidente, como la falta de aislamiento o conexiones equipotenciales, la inexistencia de protecciones contra contactos indirectos, o contra sobrecargas y cortocircuitos, defectos en las instalaciones de puesta a tierra o conductores o equipos mal dimensionados);*

*- **Leves** (cualquier otro defecto que no entrañe peligro para las personas y bienes ni perturbe el buen funcionamiento de la instalación).*

En función de la catalogación de los defectos encontrados en la instalación sujeta a inspección, ésta recibirá una valoración de favorable (si no existen defectos graves o muy graves, en cuyo caso simplemente se advierte de la existencia de tales defectos y se insta a su subsanación); condicionada (si existe al menos un defecto grave, en cuyo caso se establece un plazo de 6 meses para instalaciones ya existentes para subsanar la situación); o negativa (si existe al menos un riesgo muy grave, caso en el que no se permite el servicio a tal instalación).

Profesor

Nº de ...

Fdo:

Fecha:

Práctica número: 5 C

Objetivo

El objetivo principal es conseguir que los alumnos se familiaricen y conciencien con la filosofía de CALIDAD, conociendo como repercute en el proceso y conociendo una de sus herramientas (los procedimientos)

CALIDAD EN LAS INSTALACIONES

La calidad debe estar presente en todas nuestras actuaciones de la vida, Ello redundará en un menor coste económico y nos permitirá evitar situaciones de riesgo relacionadas con nuestra instalación y que pueden repercutir en nuestra salud.

Actividad 1

Elabora un procedimiento que pueda servir de base para verificar las instalaciones llevadas a cabo en prácticas anteriores

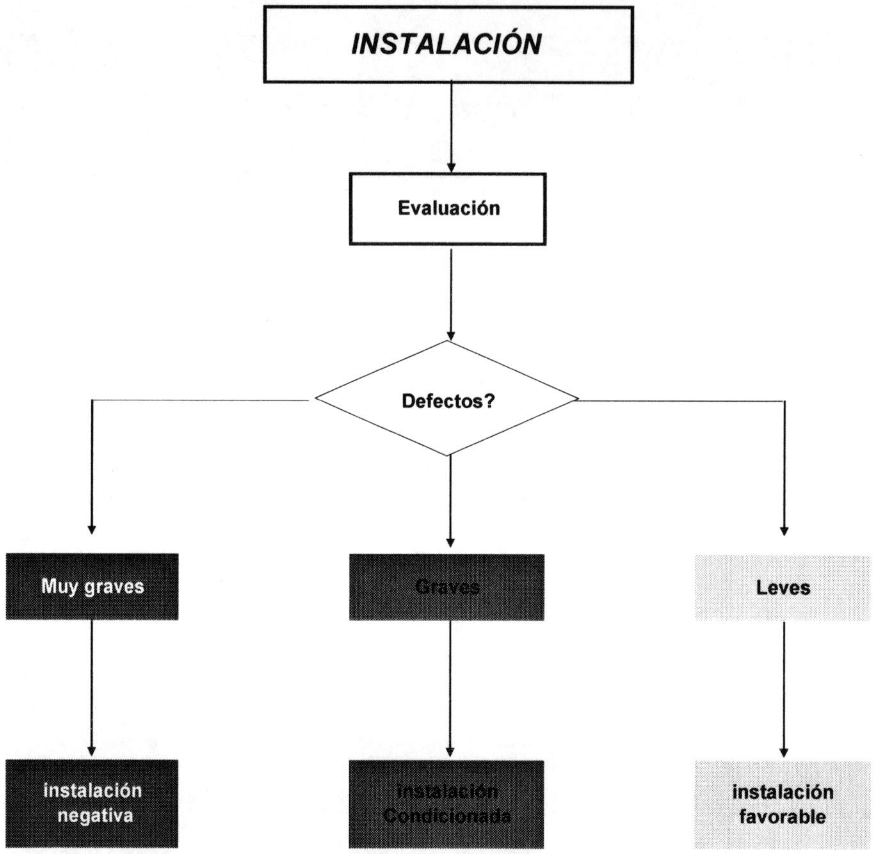

Instalación elegida

Nombre	Resultado

Profesor

Nº de ...

Fdo:

Fecha:

6

DISPOSITIVOS DE SEGURIDAD ELÉCTRICA

Alumno

Práctica número: 6 A

Objetivo

El objeto de esta práctica es conseguir que los alumnos conozcan los diferentes dispositivos de seguridad eléctrica que existen, así como su composición y correcta utilización.

DISPOSITIVOS DE SEGURIDAD ELÉCTRICA

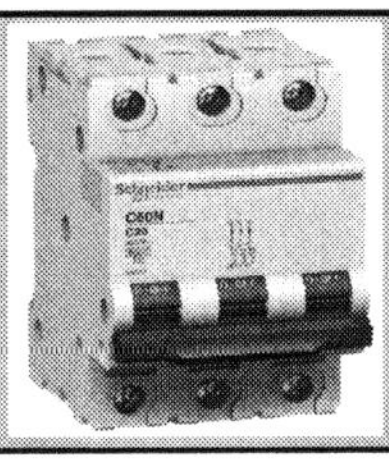

Los elementos de corte y protección eléctrica protegen a las personas, animales y a las propias instalaciones de los posibles efectos que pueda desencadenar un funcionamiento anómalo de una instalación eléctrica evitando sobrecargas, contactos directos e indirectos

Actividad 1

Indica como se produce un contacto directo y un contacto indirecto.

Actividad 2

Explica brevemente como afectan los siguientes factores en el riesgo de electrocución:

- ✓ **Intensidad que circula por el circuito de defecto.**
- ✓ **Resistencia eléctrica del cuerpo humano y grado de humedad de la piel.**
- ✓ **Tipo de corriente (alterna o continua).**
- ✓ **Tiempo de contacto.**
- ✓ **Frecuencia.**
- ✓ **Recorrido de la corriente a través del cuerpo.**

Actividad 3

Rellena el siguiente cuadro indicando los efectos que produce diferentes magnitudes de intensidad sobre el organismo:

INTENSIDAD (mA)				EFECTOS SOBRE EL ORGANISMO
c.c.		c.a. (50Hz)		
HOMBRE	MUJER	HOMBRE	MUJER	
1	0.6	0.4	0.3	
5.2	3.5	1.1	0.7	
76	51	16	10.5	
90	60	23	15	
200	170	50	35	
1300	1300	1000	1000	
500	500	100	100	

Tipo de práctica:

Individual	X
Pareja	
Grupo	

Nº de horas	NOTA FINAL
1	

Fdo:

Fecha:

Práctica número: 6 B

Objetivo

El objeto de esta práctica es conseguir que los alumnos conozcan los diferentes dispositivos de seguridad eléctrica que existen, así como su composición y correcta utilización.

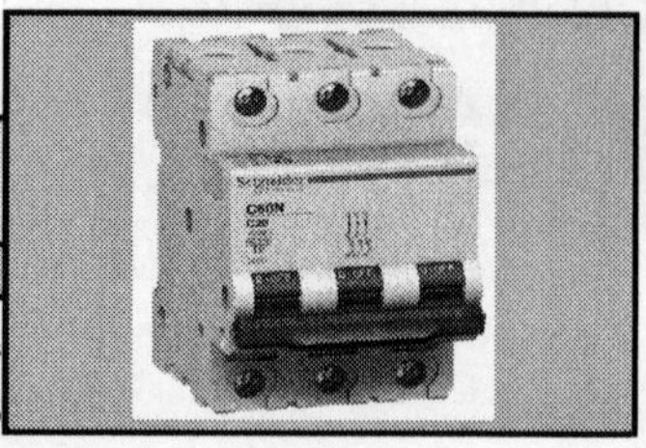

DISPOSITIVOS DE SEGURIDAD ELÉCTRICA

Los elementos de corte y protección eléctrica protegen a las personas, animales y a las propias instalaciones de los posibles efectos que pueda desencadenar un funcionamiento anómalo de una instalación eléctrica evitando sobrecargas, contactos directos e indirectos

Actividad 1

Ubica el siguiente texto en cada uno de los recuadros de este magnetotérmico para indicar las partes que lo componen

- □ Contacto fijo.
- □ Entrada de aire fresco para evacuación de energía calorífica.
- □ Bovina disparo magnético.
- □ Contacto móvil (posición actual abierto).
- □ Salida para evacuación de energía calorífica.
- □ Bimetal, dispositivo térmico.
- □ Manecilla (posición actual abierto).
- □ Cámara apaga chispas.
- □ Bobina de disparo magnético.

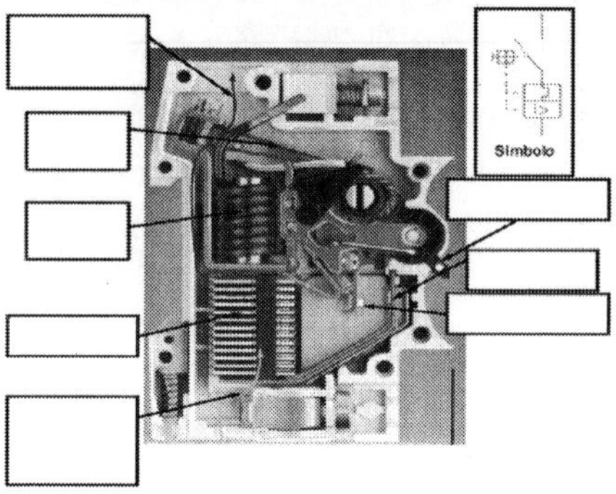

Actividad 2

Describe las características de este aparato de protección y dibuja su símbolo eléctrico.

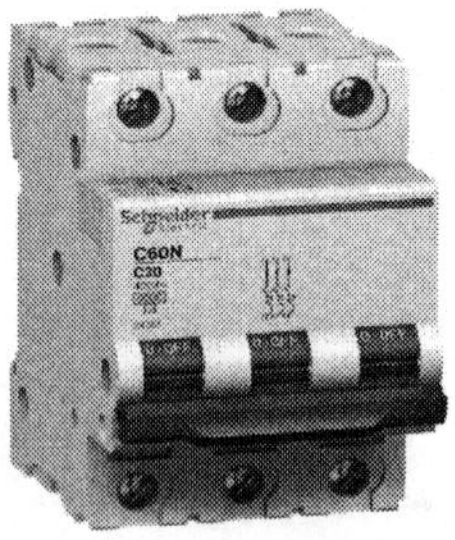

Tipo de práctica:		Nº de horas	NOTA FINAL	Fdo:
Individual	X	1		
Pareja				
Grupo				Fecha:

Práctica número: 6 C

Objetivo

El objeto de esta práctica es conseguir que los alumnos conozcan los diferentes dispositivos de seguridad eléctrica que existen, así como su composición y correcta utilización.

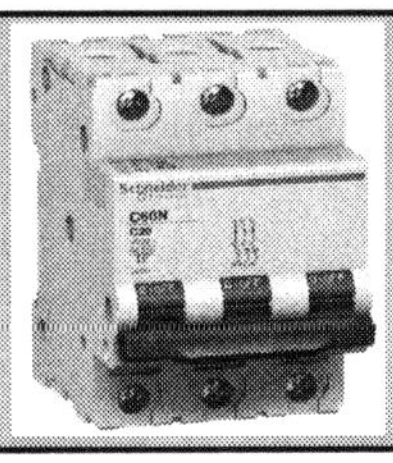

DISPOSITIVOS DE SEGURIDAD ELÉCTRICA

Los elementos de corte y protección eléctrica protegen a las personas, animales y a las propias instalaciones de los posibles efectos que pueda desencadenar un funcionamiento anómalo de una instalación eléctrica evitando sobrecargas, contactos directos e indirectos

Actividad 1

En una catálogo nos encontramos con estás curvas para diferenciar los tipos de los interruptores automáticos magneto térmicos.

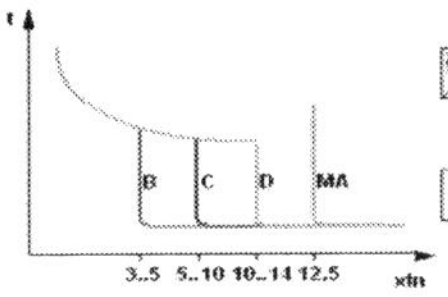

- **Curva B**
  - Disparo: 3 a 5 veces la corriente nominal (In); protección de los generadores, personas, cables de gran longitud; no hay puntas de corriente
- **Curva C**
  - Disparo: 5 a 10 In; protección de los circuitos (alumbrado, tomas de corriente); aplicaciones generales
- **Curvas D**
  - Disparo: 10 a 14 In; protección de cables alimentando receptores con fuertes puntas de arranque; transformadores, motores.
- **Curva MA**
  - Disparo: 12 In; protección de arranque de motores y aplicaciones específicas (no hay protección térmica)

¿Qué clase de magnetotérmico abre el circuito más rápidamente? Justifica tu respuesta.

¿Qué clase de magnetotérmico se utiliza más para instalaciones en viviendas?

Actividad 2

¿Qué diferencia fundamental observas en estos disyuntores?:

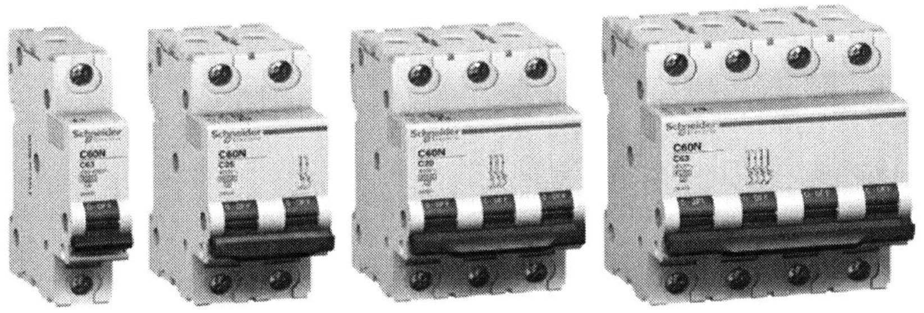

Tipo de práctica:

Individual	X
Pareja	
Grupo	

Nº de horas	NOTA FINAL
1	

Fdo:

Fecha:

Práctica número: 6 D

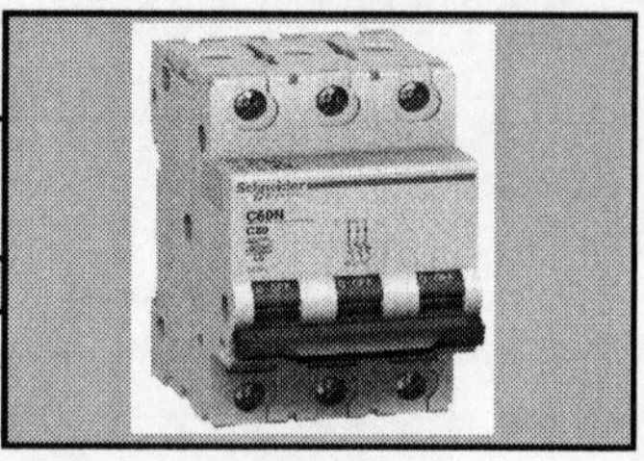

Objetivo

El objeto de esta práctica es conseguir que los alumnos conozcan los diferentes dispositivos de seguridad eléctrica que existen, así como su composición y correcta utilización.

DISPOSITIVOS DE SEGURIDAD ELÉCTRICA

Los elementos de corte y protección eléctrica protegen a las personas, animales y a las propias instalaciones de los posibles efectos que pueda desencadenar un funcionamiento anómalo de una instalación eléctrica evitando sobrecargas, contactos directos e indirectos

Actividad 1

Indica que representa los números del siguiente interruptor diferencial:

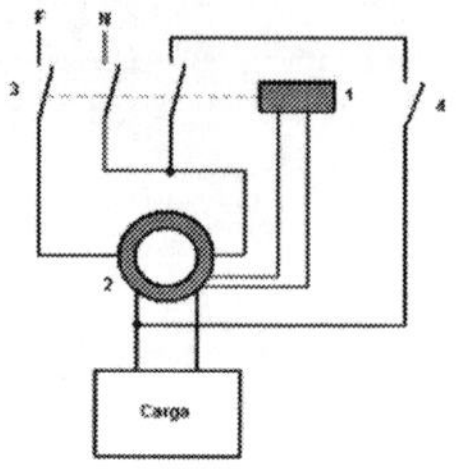

Actividad 2

Describe las características de este aparato de protección y dibuja su símbolo.

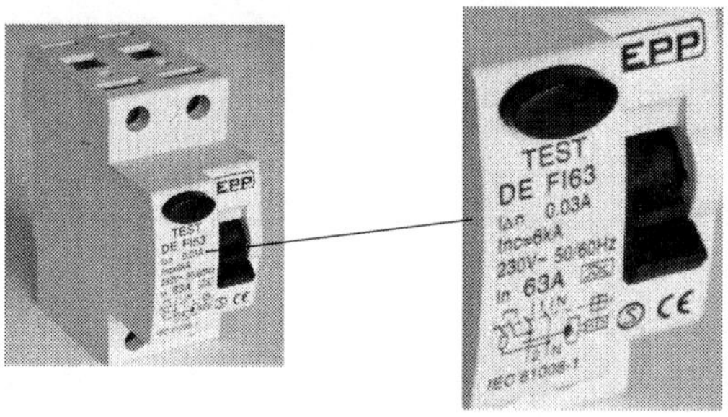

Actividad 3

Describe las características de este aparato de protección:

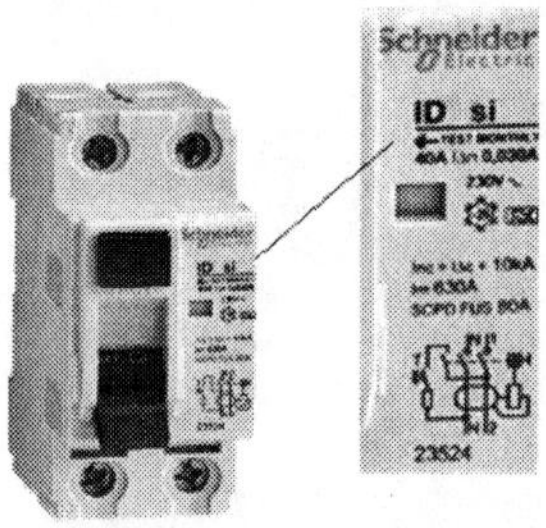

Tipo de práctica:	**Nº de horas**	**NOTA FINAL**	**Fdo:**
Individual: X Pareja: Grupo:	1		**Fecha:**

Práctica número: 6 E

Objetivo

El objeto de esta práctica es conseguir que los alumnos conozcan los diferentes dispositivos de seguridad eléctrica que existen, así como su composición y correcta utilización.

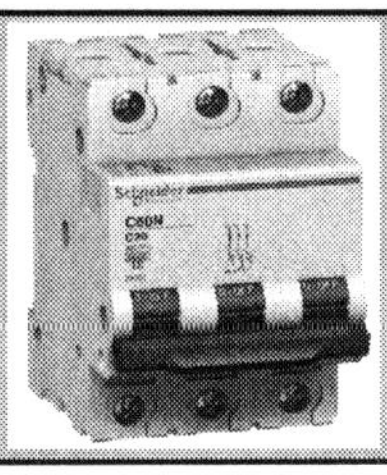

DISPOSITIVOS DE SEGURIDAD ELÉCTRICA

Los elementos de corte y protección eléctrica protegen a las personas, animales y a las propias instalaciones de los posibles efectos que pueda desencadenar un funcionamiento anómalo de una instalación eléctrica evitando sobrecargas, contactos directos e indirectos

Actividad 1

Marca con una cruz cual de los siguientes aparatos eléctricos se usan para protección y corte del fluido eléctrico:

Polímetro	
Telurómetro	
Magnetotérmico	
Busca polos	
Fusible	
Contactor	
Disyuntor	
Vatímetro	
Diferencial	

Marca en la siguiente tabla las características a tener en cuenta cuando vas a seleccionar un disyuntor para una instalación

Tornillos de plástico	
Curva de corte	
Tensión	
Que sean de latón	
Intensidad máxima	
Intensidad mínima de excitación	
Color	
Rapidez de corte	
Tamaño	
Número de fases	

Actividad 2

Explica la diferencia entre estas ilustraciones y la consecuencia que sufre la persona en cada situación

Actividad 3

Comentar las diferencias que hay entre estos fusibles

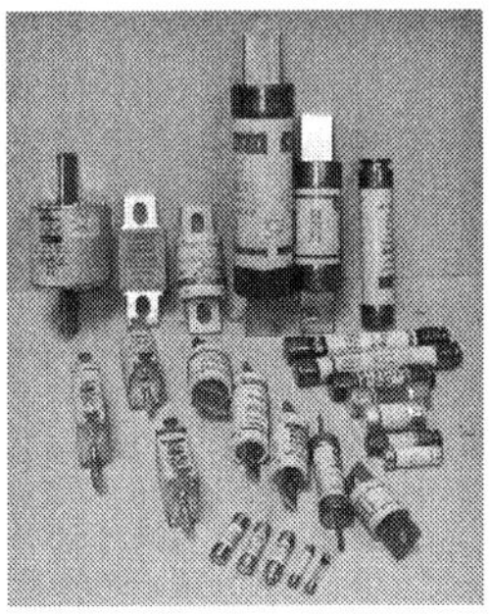

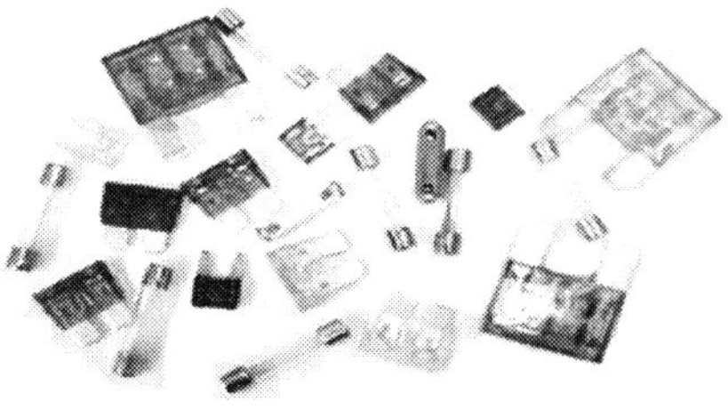

Tipo de práctica:		Nº de horas	NOTA FINAL	Fdo:
Individual	X	1		
Pareja				
Grupo				Fecha:

Práctica número: 6 F

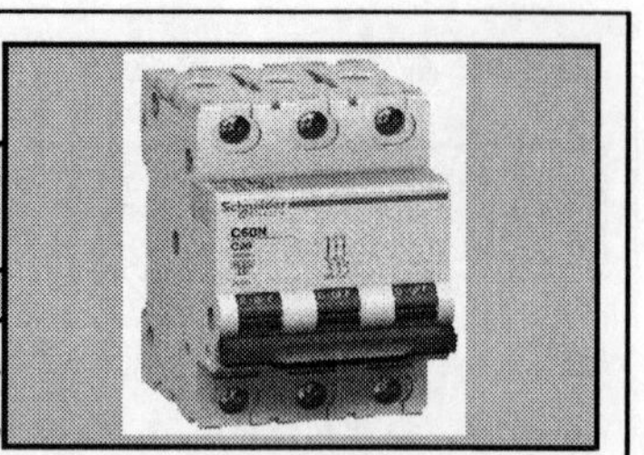

Objetivo

El objeto de esta práctica es conseguir que los alumnos conozcan los diferentes dispositivos de seguridad eléctrica que existen, así como su composición y correcta utilización.

DISPOSITIVOS DE SEGURIDAD ELÉCTRICA

Los elementos de corte y protección eléctrica protegen a las personas, animales y a las propias instalaciones de los posibles efectos que pueda desencadenar un funcionamiento anómalo de una instalación eléctrica evitando sobrecargas, contactos directos e indirectos

Actividad 1

Monta el siguiente circuito con el objetivo de conocer, y comprobar el funcionamiento de un interruptor automático magnetotérmico de 10 amperios.

Para realizar dicha prueba montaremos el siguiente circuito:

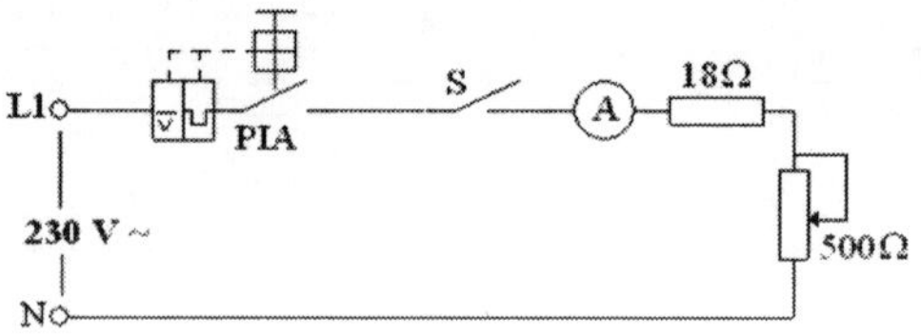

Materiales
- **1 fuente de tensión 230V~.**
- **1 PIA de 10 A**
- **1 interruptor**
- **1 amperímetro de 0 a 20 A~.**
- **1 resistencia de 18 Ohmios y 2.500 W**
- **1 potenciómetro de 2500W de 500 ohmios.**
- **Cableado de sección minima de 2 mm2**
- **1 polímetro**

Una vez montado vez montado el circuito contesta las siguientes cuestiones:

1) ¿Qué pasaría sí no conectáramos la resistencia en serie con el potenciómetro y bajásemos la resistencias del potenciómetro a 0 Ω ?

¿Para qué crees que colocamos esa resistencia?

2) ¿Cuál es la mayor intensidad que tendremos en este circuito en función de la posición del potenciómetro?

3) ¿Cuál es la menor intensidad que tendremos en este circuito en función de la posición del potenciómetro?

4) Calcula teóricamente que valor ha de tener el potenciómetro para que circule por el circuito una corriente de 10 amperios.

5) Con el potenciómetro indicando su máxima resistencia, ve disminuyendo su valor hasta que puedas leer en el amperímetro que circula una corriente de 10

Tipo de práctica:

Individual	
Pareja	X
Grupo	

Nº de horas	NOTA FINAL
2	

Fdo:

Fecha:

Profesor

Práctica número: 6 A

Objetivo

El objeto de esta práctica es conseguir que los alumnos conozcan los diferentes dispositivos de seguridad eléctrica que existen, así como su composición y correcta utilización.

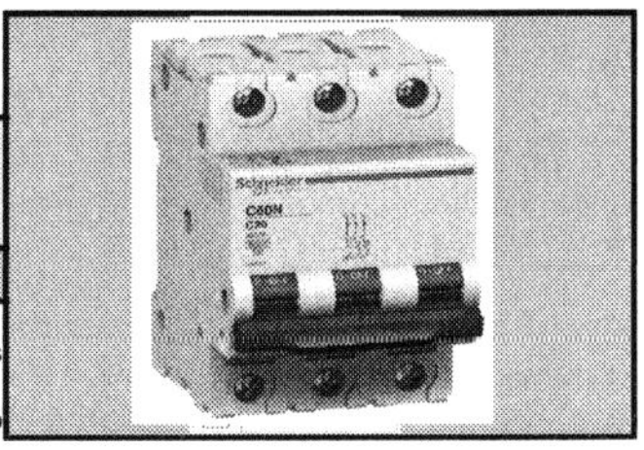

DISPOSITIVOS DE SEGURIDAD ELÉCTRICA

Los elementos de corte y protección eléctrica protegen a las personas, animales y a las propias instalaciones de los posibles efectos que pueda desencadenar un funcionamiento anómalo de una instalación eléctrica evitando sobrecargas, contactos directos e indirectos

Actividad 1

Indica como se produce un contacto directo y un contacto indirecto.

Solución:

Contacto eléctrico directo, producido al tocar alguna parte de nuestro cuerpo un conductor por el que circula corriente eléctrica y derivándose ésta a tierra (o a otro potencial).

Contacto eléctrico indirecto, producido al tocar alguna parte de un equipo (máquina, herramienta, instalación, etc.) que no debería estar en tensión pero que, por diversos motivos, si lo está.

Actividad 2

Explica brevemente como afectan los siguientes factores en el riesgo de electrocución:

Intensidad que circula por el circuito de defecto:
A mayor intensidad que derive por el cuerpo humano mayor es el riesgo de producir lesiones de gravedad.

- Resistencia eléctrica del cuerpo humano:
La resistencia del cuerpo humano ronda los 1000 Ohmnios pero no hay que olvidar que la resistencia del cuerpo depende en gran medida del grado de humedad de la piel y a mayor humedad menor resistencia y mayor riesgo.

- Tipo de corriente (alterna o continua):
La corriente continua actúa por calentamiento, puede generar riesgo de embolia o muerte por electrólisis de la sangre.
La corriente alterna, produce una alteración del sistema nervioso y circulatorio que se traduce en espasmos, sacudidas y ritmo desordenado del corazón (fibrilación ventricular).

- Frecuencia:
Las altas frecuencias son menos peligrosas que las bajas, llegando a ser prácticamente inofensivas para valores superiores a 100.000 Hz.

- Tiempo de contacto:
Es el factor que más condiciona la gravedad de las consecuencias del paso de corriente eléctrica a través del cuerpo humano. A mayor tiempo mayor riesgo de lesión grave.

- Recorrido de la corriente a través del cuerpo:
Los efectos de la electricidad son menos graves cuando la corriente no pasa a través de los órganos vitales (cerebelo, caja torácica y corazón). En la mayoría de los accidentes eléctricos la corriente circula desde las manos a los pies perjudicando a los pulmones y el corazón.

Actividad 3

Rellena el siguiente cuadro indicando los efectos que produce diferentes magnitudes de intensidad sobre el organismo:

INTENSIDAD (mA)				EFECTOS SOBRE EL ORGANISMO
c.c.		c.a. (50Hz)		
HOMBRE	MUJER	HOMBRE	MUJER	
1	0.6	0.4	0.3	Ninguna sensación.
5.2	3.5	1.1	0.7	Umbral de percepción.
76	51	16	10.5	Umbral de intensidad límite.
90	60	23	15	Dolorgrave (contracción muscular y dificultad respiratoria).
200	170	50	35	Dolor y principio de fibrilación ventricular.
1300	1300	1000	1000	Fibrilación ventricularen choques cortos, (hasta 0.03 segundos).
500	500	100	100	Fibrilación ventricular posible en choques hasta 3 segundos.

Profesor

Nº de

Fdo:

Fecha:

Práctica número: 6 B

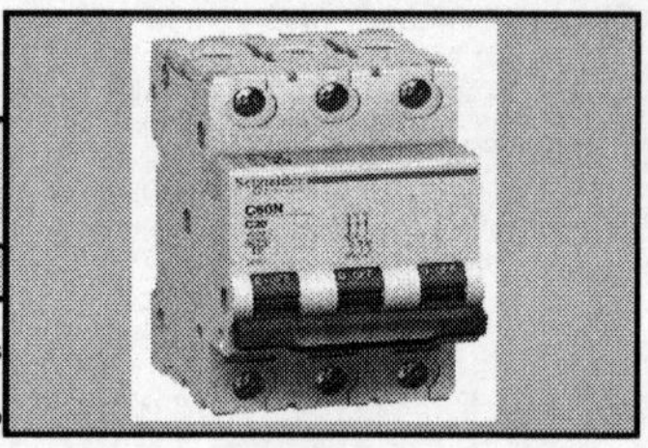

Objetivo

El objeto de esta práctica es conseguir que los alumnos conozcan los diferentes dispositivos de seguridad eléctrica que existen, así como su composición y correcta utilización.

DISPOSITIVOS DE SEGURIDAD ELÉCTRICA

Los elementos de corte y protección eléctrica protegen a las personas, animales y a las propias instalaciones de los posibles efectos que pueda desencadenar un funcionamiento anómalo de una instalación eléctrica evitando sobrecargas, contactos directos e indirectos

Actividad 1

Ubica el siguiente texto en cada uno de los recuadros de este magnetotérmico para indicar las partes que lo componen

- □ Contacto fijo.
- □ Entrada de aire fresco para evacuación de energía calorífica.
- □ Bovina disparo magnético.
- □ Contacto móvil (posición actual abierto).
- □ Salida para evacuación de energía calorífica.
- □ Bimetal, dispositivo térmico.
- □ Manecilla (posición actual abierto).
- □ Cámara apaga chispas.
- □ Bobina de disparo magnético.

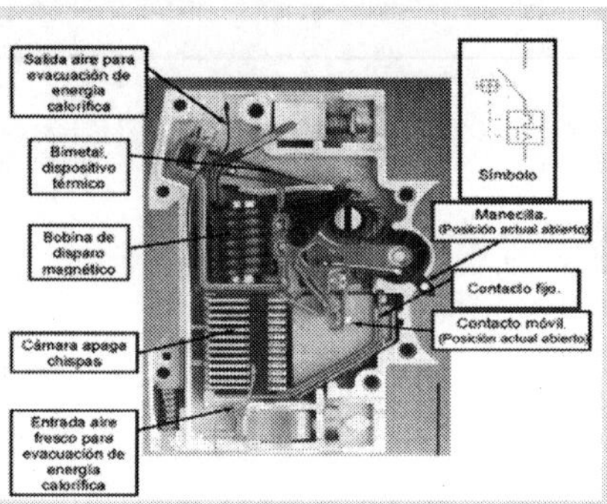

Actividad 2

Describe las características de este aparato de protección y dibuja su símbolo eléctrico.

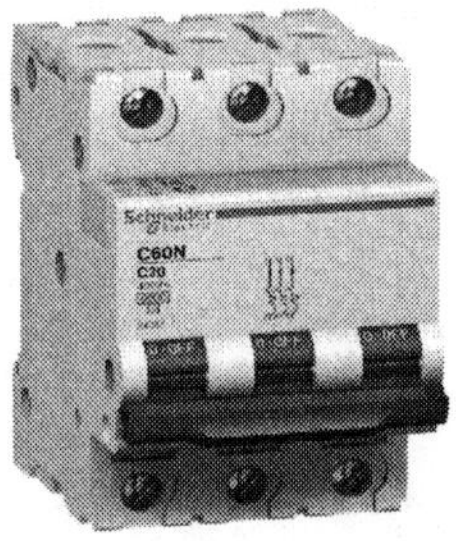

- Se trata de un Interruptor Automático Magnetotérmico 3P C60N 10 A de SCHNEIDER (Merlin Gerin).
- Tiene tres polos por lo que se emplea en sistemas trifásicos.
- Curva C
- Poder de Corte 6 KA.
- Para 400 voltios en alterna y 60 amperios.
- Su símbolo es:

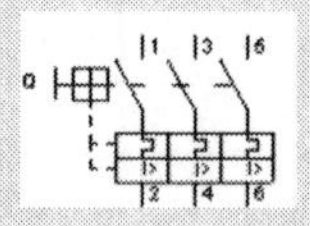

Profesor

Nº de l

Fdo:

Fecha:

Práctica número: 6 C

Objetivo

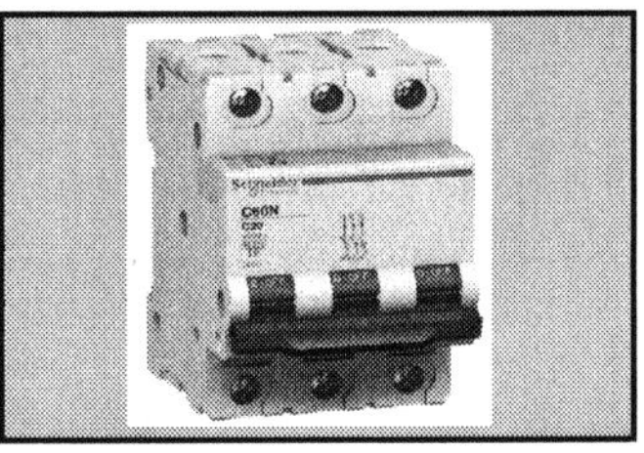

El objeto de esta práctica es conseguir que los alumnos conozcan los diferentes dispositivos de seguridad eléctrica que existen, así como su composición y correcta utilización.

DISPOSITIVOS DE SEGURIDAD ELÉCTRICA

Los elementos de corte y protección eléctrica protegen a las personas, animales y a las propias instalaciones de los posibles efectos que pueda desencadenar un funcionamiento anómalo de una instalación eléctrica evitando sobrecargas, contactos directos e indirectos

Actividad 1

En una catálogo nos encontramos con estás curvas para diferenciar los tipos de los interruptores automáticos magneto térmicos.

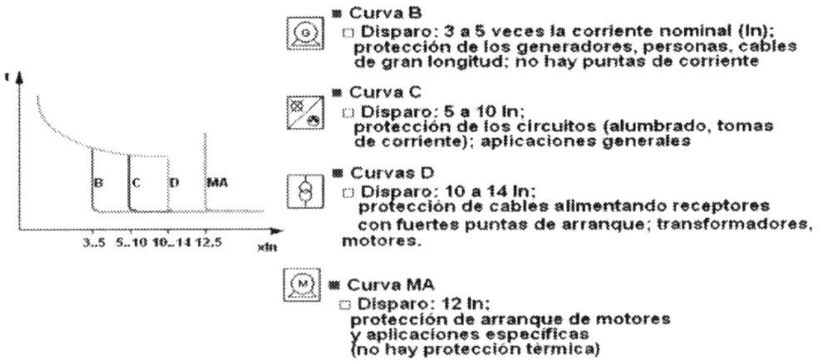

¿Qué clase de magnetotérmico abre el circuito más rápidamente? Justifica tu respuesta.

El magnetotérmico de la curva B es el que abre el circuito más rápidamente, ya que, como vemos en la gráfica, su curva de apertura magnética se abre de 3 a 5 veces más rápido que la intensidad nominal.

¿Qué clase de magnetotérmico se utiliza más para instalaciones en viviendas?

El magnetotérmico de la curva C.

Actividad 2

¿Que diferencia fundamental observas en estos disyuntores?:

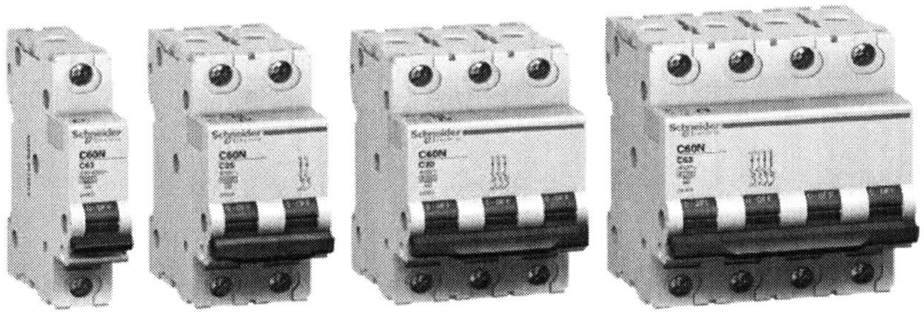

La diferencia que existe entre estos disyuntores es el número de fases para el que están diseñados.

- Monopolar
- Bipolar
- Tripolar
- Tetrapolar

Profesor

Nº de ...

Fdo:

Fecha:

Práctica número: 6 D

Objetivo

El objeto de esta práctica es conseguir que los alumnos conozcan los diferentes dispositivos de seguridad eléctrica que existen, así como su composición y correcta utilización.

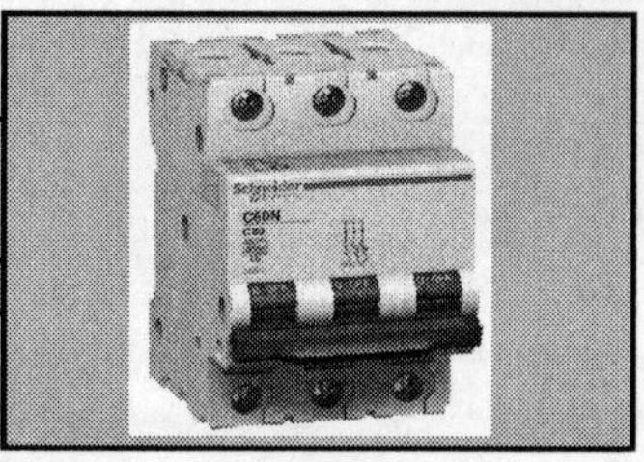

DISPOSITIVOS DE SEGURIDAD ELÉCTRICA

Los elementos de corte y protección eléctrica protegen a las personas, animales y a las propias instalaciones de los posibles efectos que pueda desencadenar un funcionamiento anómalo de una instalación eléctrica evitando sobrecargas, contactos directos e indirectos

Actividad 1

Indica que representa los números del siguiente interruptor diferencial:

1 = Electroimán
2= Toroide
3 = Contactos del interruptor
4 = Pulsador de test

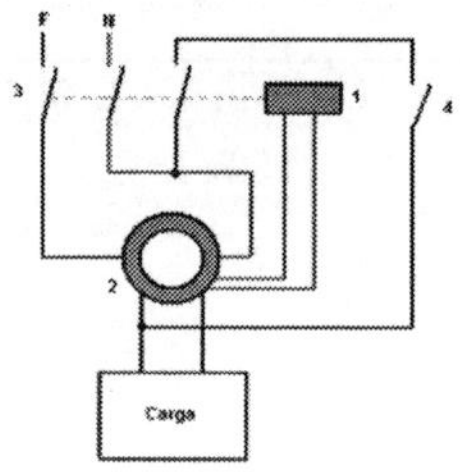

Actividad 2

Describe las características de este aparato de protección y dibuja su símbolo.

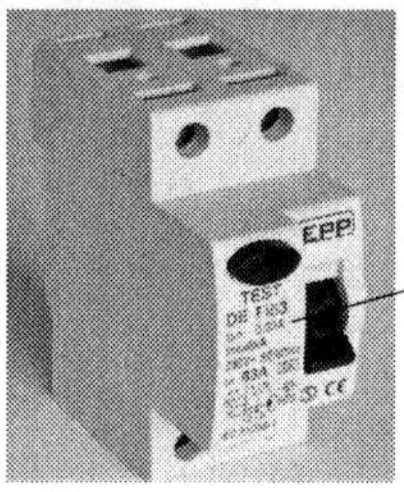

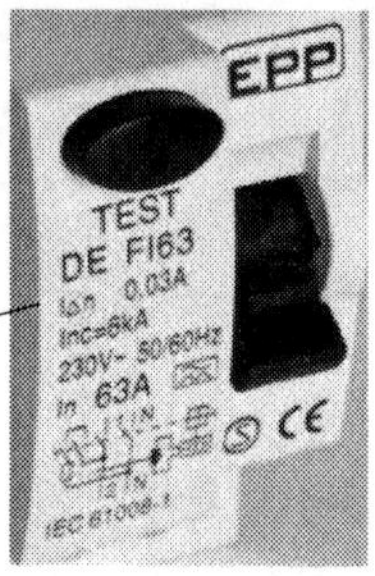

- Vemos en la imagen un Dispositivo de Protección Diferencial con 2 polos.
- Está diseñado para trabajar a 230 Voltios en alterna.
- Dispone de pulsador para Test.
- Sensibilidad 30mA.
- Intensidad máx: 63 A
- Clase A.
- Su símbolo es: ⟶

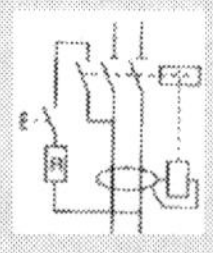

Actividad 3

Describe las características de este aparato de protección:

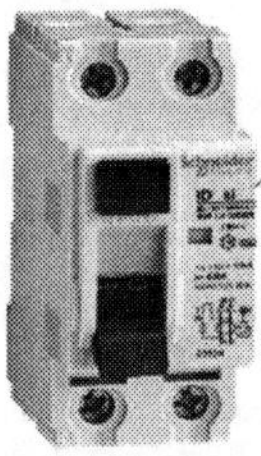

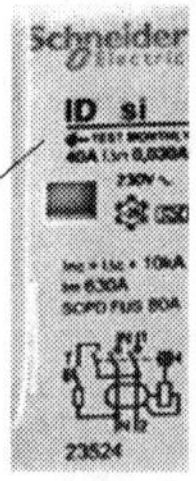

- Estamos viendo un Dispositivo de Protección Diferencial.
- Dispone de 2 polos para trabajar a 230 Voltios en alterna.
- Sensibilidad 30mA.
- Intensidad máx: 40 A.
- Clase A.

Profesor

Nº

Fdo:

Fecha:

Práctica número: 6 E

Objetivo

El objeto de esta práctica es conseguir que los alumnos conozcan los diferentes dispositivos de seguridad eléctrica que existen, así como su composición y correcta utilización.

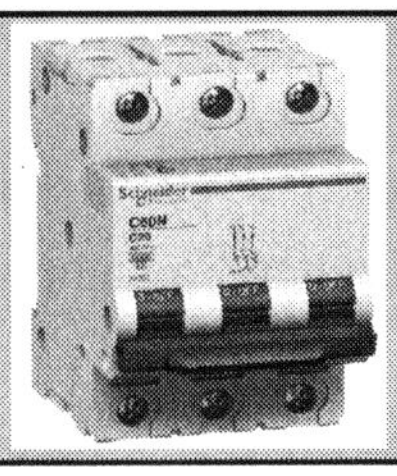

DISPOSITIVOS DE SEGURIDAD ELÉCTRICA

Los elementos de corte y protección eléctrica protegen a las personas, animales y a las propias instalaciones de los posibles efectos que pueda desencadenar un funcionamiento anómalo de una instalación eléctrica evitando sobrecargas, contactos directos e indirectos

Actividad 1

Marca con una cruz cual de los siguientes aparatos eléctricos se usan para protección y corte del fluido eléctrico:

Polémetro	
Telurómetro	
Magnetotérmico	X
Busca polos	
Fusible	X
Contactor	
Disyuntor	X
Vatímetro	
Diferencial	X

Marca en la siguiente tabla las características a tener en cuenta cuando vas a seleccionar un disyuntor para una instalación

Tornillos de plástico	
Curva de corte	X
Tensión	X
Que sean de latón	
Intensidad máxima	X
Intensidad mínima de excitación	
Color	
Rapidez de corte	X
Tamaño	
Número de fases	X

Actividad 2

Explica la diferencia entre estas ilustraciones y la consecuencia que sufre la persona en cada situación

En la primera ilustración vemos que la corriente pasa a través del hombre porque actúa como la toma tierra, al no existir toma de tierra en el enchufe.

En el segundo caso vemos que el hombre no se ve afectado por la intensidad ya que es desviada a la tierra pero esta vez a través de la toma tierra.

Actividad 3

Comentar las diferencias que hay entre estos fusibles

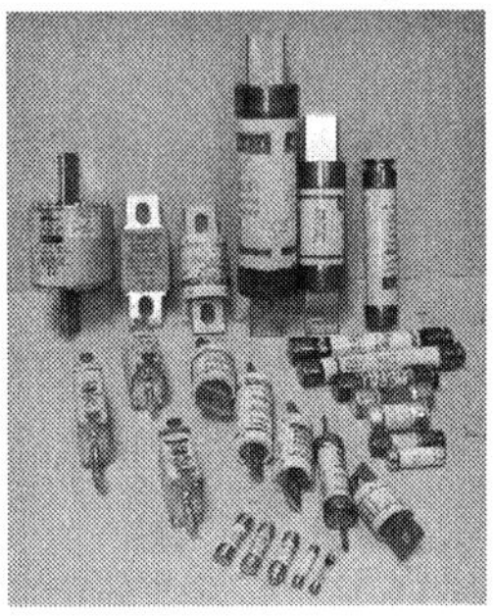

El segundo grupo de fusibles es de tipo industrial y soportan mayores intensidades. Además de llevar el hilo fusible en su interior están rellenos de arena para extinguir rápidamente el arco eléctrico que se produce en caso de cortocircuito.

Profesor

Nº de

Fdo:

Fecha:

Práctica número: 6 F

Objetivo

El objeto de esta práctica es conseguir que los alumnos conozcan los diferentes dispositivos de seguridad eléctrica que existen, así como su composición y correcta utilización.

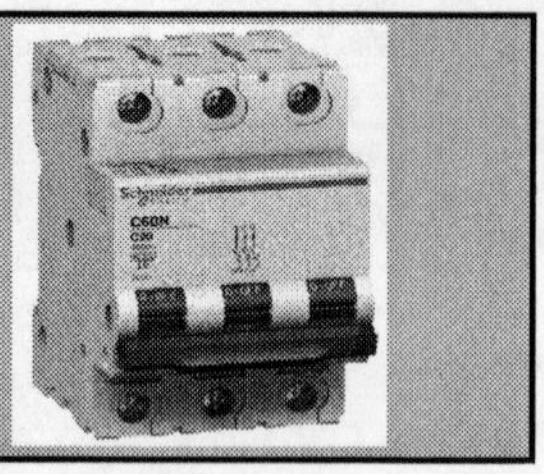

DISPOSITIVOS DE SEGURIDAD ELÉCTRICA

Los elementos de corte y protección eléctrica protegen a las personas, animales y a las propias instalaciones de los posibles efectos que pueda desencadenar un funcionamiento anómalo de una instalación eléctrica evitando sobrecargas, contactos directos e indirectos

Actividad 1

Monta el siguiente circuito con el objetivo de conocer, y comprobar el funcionamiento de un interruptor automático magnetotérmico de 10 amperios.

Para realizar dicha prueba montaremos el siguiente circuito:

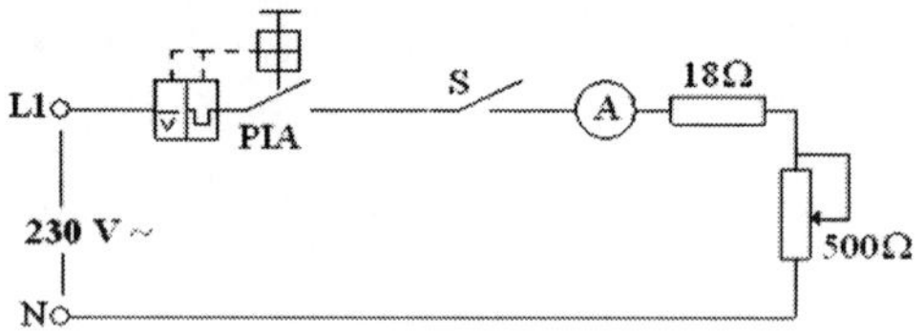

Materiales
- 1 fuente de tensión 230V~.
- 1 PIA de 10 A
- 1 interruptor
- 1 amperímetro de 0 a 20 A~.
- 1 resistencia de 18 Ohmios y 2.500 W.
- 1 potenciómetro de 2500W de 500 ohmios.
- Cableado de sección mínima de 2 mm2
- 1 polímetro

Una vez montado vez montado el circuito contesta las siguientes cuestiones:

1) ¿Qué pasaría sí no conectáramos la resistencia en serie con el potenciómetro y bajásemos la resistencias del potenciómetro a 0 Ω ? Que se abriría el interruptor automático ya que estaríamos realizando un cortocircuito con una intensidad muy superior a los 10 amperios

¿Para qué crees que colocamos esa resistencia? Para que no se produzca un cortocircuito.

2) ¿Cuál es la mayor intensidad que tendremos en este circuito en función de la posición del potenciómetro? Cuando su valor es 0 Ω en ese caso tendemos I =V/R luego I = 230/18 = 12,7 amperios.

3) ¿Cuál es la menor intensidad que tendremos en este circuito en función de la posición del potenciómetro? Cuando su valor es 0 Ω en ese caso tendemos I =V/R luego I = 230/518 = 0,44 amperios.

4) Calcula teóricamente que valor ha de tener el potenciómetro para que circule por el circuito una corriente de 10 amperios.

$V = R \cdot I$; $R = V / I = 230 / 10 = 23\ \Omega$

5) Con el potenciómetro indicando su máxima resistencia, ve disminuyendo su valor hasta que puedas leer en el amperímetro que circula una corriente de 10 amperios.

- Comprueba que en cuando subimos una poco la intensidad el interruptor automático abrirá el circuito por al cabo de unos segundos por efecto del térmico.

- Comprueba que el valor de la resistencia del potenciómetro es de unos 5 ohmios

- Comprueba que si, de repente, bajamos la resistencia del potenciómetro a 0 □ el interruptor automático abrirá el circuito instantáneamente por el efecto magnético.

Profesor

Nº

Fdo:

Fecha:

7

SEGURIDAD ELÉCTRICA

Alumno

Práctica número: 7 A

Objetivo

Conocer los peligros de los trabajos bajo tensión y ciertas definiciones importantes así como los peligros que puede entrañar la electricidad electrostática, a veces olvidada pero casi siempre presente

SEGURIDAD ELÉCTRICA

(Figuras de Lichtenberg)

El cuerpo humano está recorrido por corrientes eléctricas que lo gobiernan lo que provoca gran sensibilidad a las corrientes eléctricas externas, por lo que es importante aplicar los conocimientos sobre medios y dispositivos de protección así como las consecuencias de un contacto directo ó indirecto con la corriente.

Ejercicio 1:

La electricidad estática, había sido conocida durante bastante tiempo, pero no fue hasta 1746 que Musschenbroeck, inventó la botella de Leiden (que toma el nombre de la universidad donde se creó). Se trata de un condensador simple de placas paralelas que puede almacenar cantidades sustanciales de energía, Cuando se usa en combinación con alguna máquina de fricción, permite desarrollar cargas muy altas del orden de Kilovoltios, una vez cargada al máximo la botella puede descargarse de forma espontánea o mediante un descargador, en ambos casos, produciendo una chispa azul intenso de características similares a un rayo.

Procedimiento de construcción:

1º. Obtener un frasco de plástico, un porta rollos de película fotográfica es ideal.

2º. Envolver el frasco con papel de aluminio por dentro y por fuera.

3º En la tapa hacer una perforación e introducir un tornillo asegurando en su parte baja un alambre que deberá de estar en contacto con el aluminio del interior.

4º. Toma un trozo de cable con varios hilos y sujétalo en la parte de arriba del tornillo.

5º. Por ultimo fija un alambre en el exterior del frasco y ponlo cerca del tornillo de la tapadera, como se muestra en el esquema.

6º Por ultimo fija un alambre en el exterior del frasco y ponlo cerca del tornillo de la tapadera, como se muestra en el esquema.

7º El aspecto final puede ser el de la figura que se muestra

8º Por ultimo conectar a tierra el exterior de la botella

9º Y tocar el alambre colector con un tubo de PVC mientras se frota con un paño

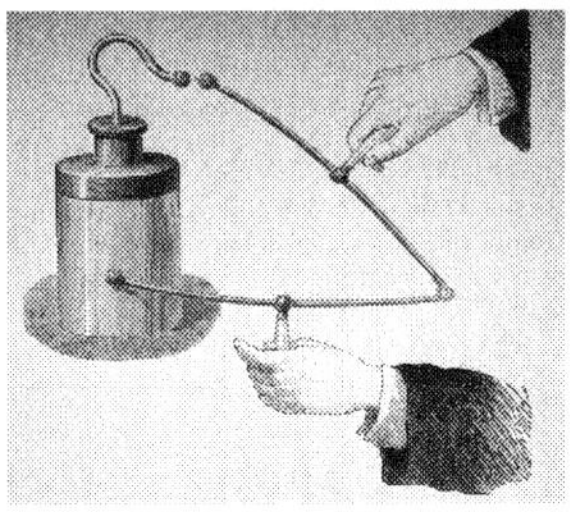

(Botella de Leiden)

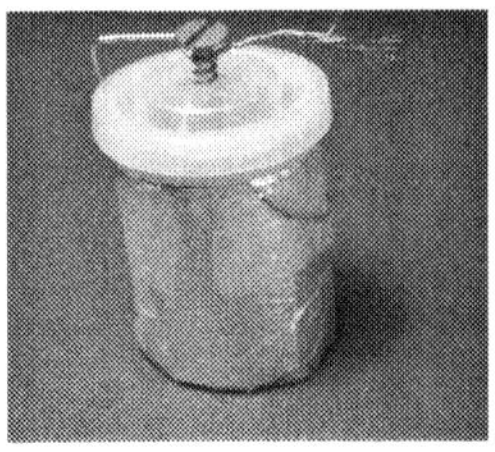

El resultado puede ser parecido a este

Preguntas

1º. ¿A qué elemento te recuerda la botella?

2. ¿Qué peligros crees que puede tener una chispa de estas características en un local con riesgo de incendio?

Tipo de práctica:		Nº de horas	NOTA FINAL	Fdo:
Individual	X	1		
Pareja				
Grupo				Fecha:

Práctica número: 7 B

Objetivo

Conocer los peligros de los trabajos bajo tensión y ciertas definiciones importantes así como los peligros que puede entrañar la electricidad electrostática, a veces olvidada pero casi siempre presente

SEGURIDAD ELÉCTRICA

(Figuras de Lichtenberg)

El cuerpo humano está recorrido por corrientes eléctricas que lo gobiernan lo que provoca gran sensibilidad a las corrientes eléctricas externas, por lo que es importante aplicar los conocimientos sobre medios y dispositivos de protección así como las consecuencias de un contacto directo ó indirecto con la corriente.

Ejercicio 1:

Leer el Real Decreto 614/2001, de 8 de junio , sobre disposiciones mínimas de los trabajadores frente al riesgo eléctrico y elabora un pequeño resumen de cada artículo.

Tipo de práctica:

Individual	X
Pareja	
Grupo	

Nº de horas	NOTA FINAL
1	

Fdo:

Fecha:

Práctica número: 7 C

Objetivo

Conocer los peligros de los trabajos bajo tensión y ciertas definiciones importantes así como los peligros que puede entrañar la electricidad electrostática, a veces olvidada pero casi siempre presente

SEGURIDAD ELÉCTRICA

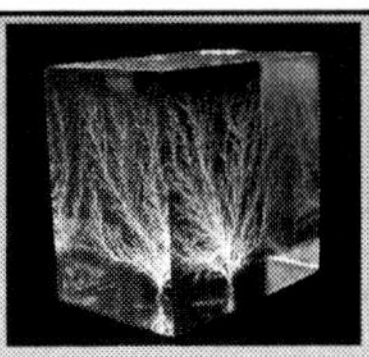

(Figuras de Lichtenberg)

El cuerpo humano está recorrido por corrientes eléctricas que lo gobiernan lo que provoca gran sensibilidad a las corrientes eléctricas externas, por lo que es importante aplicar los conocimientos sobre medios y dispositivos de protección así como las consecuencias de un contacto directo ó indirecto con la corriente.

Ejercicio 1:

Busca dentro de los anexos del R.D 614/2001 las siguientes definiciones.

1. Riesgo eléctrico

2. Lugar de trabajo

3. Zona de peligro

4. Zona de proximidad:

5. Trabajo en proximidad

6. Trabajador cualificado

Tipo de práctica:

Individual	X
Pareja	
Grupo	

Nº de horas
1

NOTA FINAL

Fdo:

Fecha:

Profesor

Práctica número: 7 A

Objetivo

Conocer los peligros de los trabajos bajo tensión y ciertas definiciones importantes así como los peligros que puede entrañar la electricidad electrostática, a veces olvidada pero casi siempre presente

SEGURIDAD ELÉCTRICA

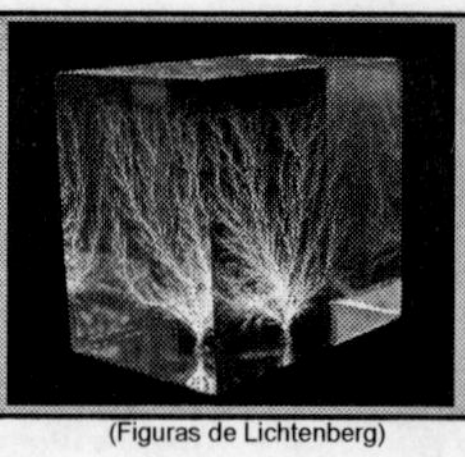

(Figuras de Lichtenberg)

El cuerpo humano está recorrido por corrientes eléctricas que lo gobiernan lo que provoca gran sensibilidad a las corrientes eléctricas externas, por lo que es importante aplicar los conocimientos sobre medios y dispositivos de protección así como las consecuencias de un contacto directo ó indirecto con la corriente.

Ejercicio 1:

La electricidad estática, había sido conocida durante bastante tiempo, pero no fue hasta 1746 que Musschenbroeck, inventó la botella de Leiden (que toma el nombre de la universidad donde se creó). Se trata de un condensador simple de placas paralelas que puede almacenar cantidades sustanciales de energía, Cuando se usa en combinación con alguna máquina de fricción, permite desarrollar cargas muy altas del orden de Kilovoltios, una vez cargada al máximo la botella puede descargarse de forma espontánea o mediante un descargador, en ambos casos, produciendo una chispa azul intenso de características similares a un rayo.

Procedimiento de construcción:

(Botella de Leiden)

1º. Obtener un frasco de plástico, un porta rollos de película fotográfica es ideal.

2º. Envolver el frasco con papel de aluminio por dentro y por fuera.

3º En la tapa hacer una perforación e introducir un tornillo asegurando en su parte baja un alambre que deberá de estar en contacto con el aluminio del interior.

4º. Toma un trozo de cable con varios hilos y sujétalo en la parte de arriba del tornillo.

5º. Por ultimo fija un alambre en el exterior del frasco y ponlo cerca del tornillo de la tapadera, como se muestra en el esquema.

6º Por ultimo fija un alambre en el exterior del frasco y ponlo cerca del tornillo de la tapadera, como se muestra en el esquema.

7º El aspecto final puede ser el de la figura que se muestra

8º Por ultimo conectar a tierra el exterior de la botella

9º Y tocar el alambre colector con un tubo de PVC mientras se frota con un paño

Preguntas

1º. ¿A qué elemento te recuerda la botella?

Un condensador

2. ¿Qué peligros crees que puede tener una chispa de estas características en un local con riesgo de incendio?

Podría provocar un incendio ó una explosión

Profesor

Nº

Fdo:

Fecha:

Práctica número: 7 B

Objetivo

Conocer los peligros de los trabajos bajo tensión y ciertas definiciones importantes así como los peligros que puede entrañar la electricidad electrostática, a veces olvidada pero casi siempre presente

SEGURIDAD ELÉCTRICA

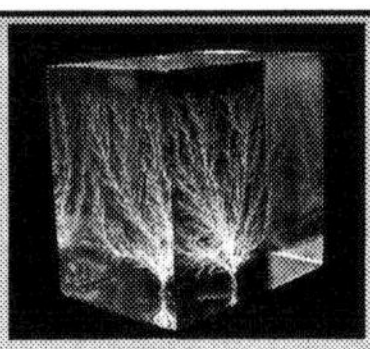

(Figuras de Lichtenberg)

El cuerpo humano está recorrido por corrientes eléctricas que lo gobiernan lo que provoca gran sensibilidad a las corrientes eléctricas externas, por lo que es importante aplicar los conocimientos sobre medios y dispositivos de protección así como las consecuencias de un contacto directo ó indirecto con la corriente.

Ejercicio 1:

Leer el Real Decreto 614/2001, de 8 de junio , sobre disposiciones mínimas de los trabajadores frente al riesgo eléctrico y elabora un pequeño resumen de cada artículo.

Art. 1: Objetivo, ámbito de aplicación y definiciones.

1. El presente R.D establece las disposiciones mínimas de seguridad para la protección de los trabajadores
2. Se aplica a las instalaciones eléctricas de los lugares de trabajo y procedimientos para trabajar en ellas o sus proximidades.
3. Las disposiciones del R.D 39/1997, de 17 de enero, se aplicarán plenamente al conjunto del ámbito contemplado en los apartados anteriores.
4. A efectos del R.D serán de aplicación las definiciones establecidas en el anexo I

Art. 2: Obligaciones del empresario

1. Deberá adoptar las medidas necesarias para que la presencia de energía eléctrica en el lugar de trabajo no afecte la salud y seguridad de los trabajadores o para reducirlas al mínimo
2. En cualquier caso, a efectos de prevenir el riesgo eléctrico:
   a. Las instalaciones eléctricas del lugar de trabajo deben cumplir lo establecido en el artículo 3 de este R.D
   b. Las técnicas y procedimientos para trabajar en las instalaciones eléctricas deberán cumplir lo establecido en el artículo 4

Art. 3: Instalaciones eléctricas

1. El tipo de instalaciones y características deben adaptarse a las condiciones específicas del propio lugar, de la actividad desarrollada, y de los equipos eléctricos que vayan a utilizarse
2. Sólo podrán usarse equipos eléctricos para los que el sistema o modo de protección previstos por su fabricante se a compatible con el tipo de instalación eléctrica existente.
3. Las instalaciones eléctricas de los lugares de trabajo se utilizarán y mantendrán de forma adecuada y el funcionamiento de los sistemas de protección se utilizarán y mantendrán de la forma adecuada
4. Las instalaciones deberán cumplir lo establecido en el reglamento electrotécnico, la normativa general de seguridad y salud, equipos de trabajo y señalización así como cualquier otra normativa específica.

Art. 4: Técnicas y procedimientos de trabajo

1. Se establecerán teniendo en cuenta:
   a. La evaluación de los riegos que el trabajo pueda suponer
   b. De los requisitos establecidos en los restantes apartados.
2. Todo trabajo deberá realizarse sin tensión salvo lo señalado en los apartados 3 y 4 de este artículo
3. Podrán realizarse con tensión:
   a. Operaciones elementales como conectar y desconectar, en baja tensión y con los materiales concebidos para ello previa verificación de los mismos
   b. Los trabajos en instalaciones con tensión de seguridad cuando no exista confusión en la identificación de las mismas.
4. También podrán realizarse con tensión:
   a. Maniobras, mediciones, ensayos y verificaciones cuya naturaleza así lo exija, (apertura y cierre de seccionadores, medición de intensidad, aislamiento eléctrico, concordancia de fases, etc.
   b. Los trabajos en, o en proximidad de, instalaciones cuyas condiciones de explotación o de continuidad del servicio así lo exija.
5. Salvo en los casos indicados en el apartado 3 de este artículo, el procedimiento empleado para la realización de los trabajos en tensión deberá ajustarse a los requisitos generales establecidos en el anexo III.A y III.B
6. Las maniobras, mediciones, verificaciones y ensayos eléctricos se realizarán siguiendo las disposiciones generales del anexo IV.A y IV.B
7. Los trabajos que se realicen en proximidad de elementos en tensión se llevarán a cabo según lo dispuesto en el anexo V o se considerarán como trabajos en tensión
8. Sin perjuicio de lo dispuesto en artículos anteriores, los trabajos realizados en lugares con riesgo de incendio y explosión así como los procesos que puedan producir una gran acumulación de carga electrostática, se deberán efectuar según lo dispuesto en el anexo IV

Art. 5: Formación e información de los trabajadores

De conformidad a los artículos 18 y 19 de la LPRL el empresario deberá garantizar la formación adecuada de los trabajadores

Art. 6: Consulta y participación de los trabajadores

La consulta y participación de los trabajadores o sus representantes sobre cuestiones a que se refiere este R.D se realizarán conforme del artículo 18 de la L.P.R.L.

Profesor

Nº

Fdo:

Fecha:

Práctica número: 7 C

Objetivo

Conocer los peligros de los trabajos bajo tensión y ciertas definiciones importantes así como los peligros que puede entrañar la electricidad electrostática, a veces olvidada pero casi siempre presente

SEGURIDAD ELÉCTRICA

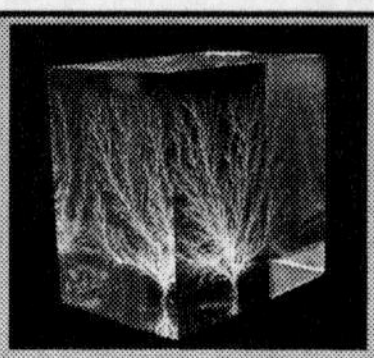

(Figuras de Lichtenberg)

El cuerpo humano está recorrido por corrientes eléctricas que lo gobiernan lo que provoca gran sensibilidad a las corrientes eléctricas externas, por lo que es importante aplicar los conocimientos sobre medios y dispositivos de protección así como las consecuencias de un contacto directo ó indirecto con la corriente.

Ejercicio 1:

Busca dentro de los anexos del R.D 614/2001 las siguientes definiciones.

1. Riesgo eléctrico

Riesgo originado por las energía eléctrica. Quedan específicamente incluidos los riesgos de:

a. Choque eléctrico por contacto con elementos en tensión, tanto contacto directo como indirecto.
b. Quemaduras por choque eléctrico, o por arco eléctrico.
c. Caídas o golpes como consecuencia de choque o arco eléctrico.
d. Incendios o explosiones originados por la electricidad.

2. Lugar de trabajo

Cualquier lugar al que el trabajador pueda acceder, en razón de su trabajo

3. Zona de peligro

Ó zona de trabajos en tensión, son los espacios alrededor de los elementos en tensión en el que la presencia de un trabajador desprotegido, supone un riesgo grave e inminente de que se produzca un arco eléctrico, o un contacto directo con el elemento en tensión, teniendo en cuenta los gestos o movimientos normales que pueda efectuar el trabajador sin desplazarse.

4. Zona de proximidad:

Espacio delimitado alrededor de la zona de peligro, desde la que se el trabajador puede invadir accidentalmente esta última. Donde no se interponga una barrera física que garantice la protección frente al riesgo eléctrico, la distancia desde el elemento en tensión al límite exterior de esta zona será la indicada en la tabla mostrada en el anexo.

5. Trabajo en proximidad

Trabajo durante el cual el trabajador entra o puede entrar, en la zona de proximidad, sin entrar en la zona de peligro, bien sea con una parte de su cuerpo, ó con las herramientas, equipos, dispositivos o materiales que manipula.

6. Trabajador cualificado

Trabajador autorizado que posee conocimientos especializados en materia de implantaciones eléctricas, debido a su formación acreditada profesional o universitaria, o a su experiencia certificada en dos o más años.

Profesor

Nº

Fdo:

Fecha:

8

MEDICIÓN DE RESISTENCIA DE PUESTA A TIERRA

Alumno

Práctica número: 8 A

Objetivo

El objeto de esta práctica es establecer los criterios técnicos que han de seguirse en la realización sistemática de las medidas de la resistencia de las instalaciones de puesta a tierra

MEDICIÓN DE RESISTENCIA DE PUESTA A TIERRA

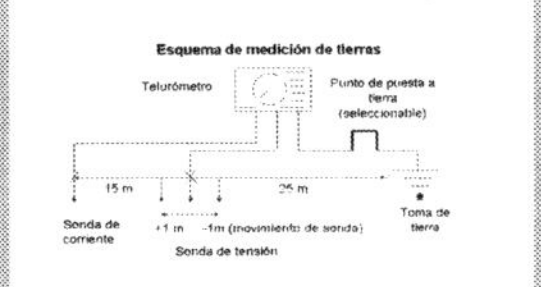

La puesta a tierra protege a las personas e instalaciones y no hay que confundirla con la masa. La puesta a tierra se empezó a utilizar con el uso del telégrafo pero para que funcionase correctamente en tiempo seco era necesario verter agua en las picas de toma de tierra, y los rayos provocaban interferencias por lo que se terminó desechando este sistema, retomandose posteriormente como protección.

Actividad 1

Señala las partes de las instalaciones de puesta a tierra

Describe lo que conozcas de cada uno de los puntos siguientes referentes a la ITC - BT 18 Instalaciones de puesta a tierra

1. OBJETO

2. PUESTA O CONEXION A TIERRA. DEFINICION

3. UNIONES A TIERRA

3.1 Tomas de tierra

3.2 Conductores de tierra

3.3 Bornes de puesta a tierra

3.4 Conductores de protección

4. PUESTA A TIERRA POR RAZONES DE PROTECCION

Tipo de práctica:

Individual	X
Pareja	
Grupo	

Nº de horas	NOTA FINAL
1	

Fdo:

Fecha:

Práctica número: 8 B

Objetivo

El objeto de esta práctica es establecer los criterios técnicos que han de seguirse en la realización sistemática de las medidas de la resistencia de las instalaciones de puesta a tierra

MEDICIÓN DE RESISTENCIA DE PUESTA A TIERRA

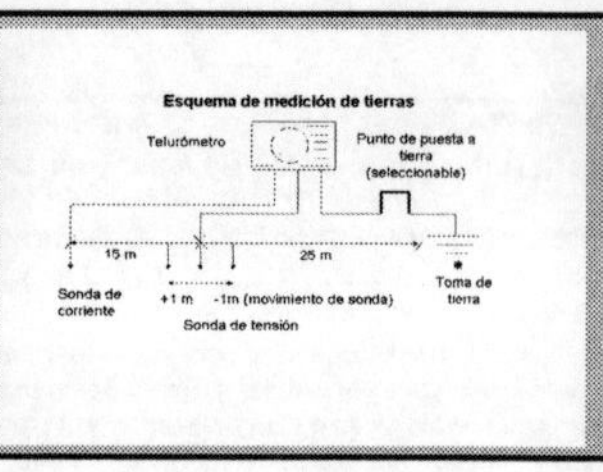

La puesta a tierra protege a las personas e instalaciones y no hay que confundirla con la masa. La puesta a tierra se empezó a utilizar con el uso del telégrafo pero para que funcionase correctamente en tiempo seco era necesario verter agua en las picas de toma de tierra, y los rayos provocaban interferencias por lo que se terminó desechando este sistema, retomandose posteriormente como protección.

Actividad 1

Señala las partes de las instalaciones de puesta a tierra

1

.- POLO DE TIERRA

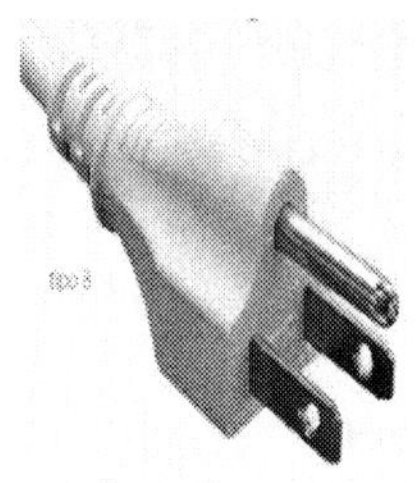

2

.- CONDUCTORES
.- CONEXIONES
.- ELETRODO
CONDUCTOR Cu
PICAS

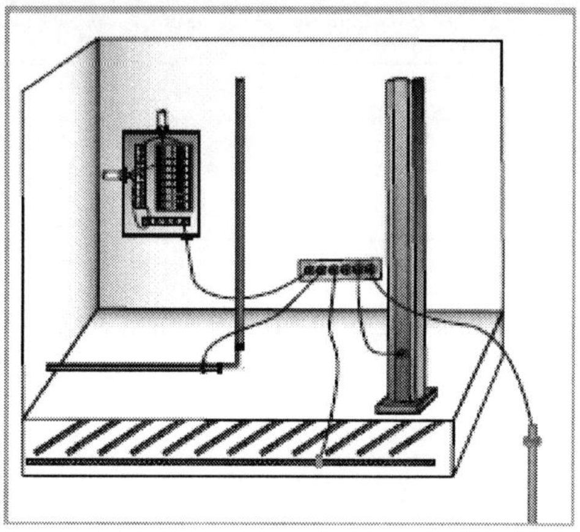

3

.- CONEXIÓN
.- CONDUCTORES
(Aislado / Desnudo)
.- TUBO RÍGIDO
.- ELETRODO
CONDUCTOR Cu
PICAS

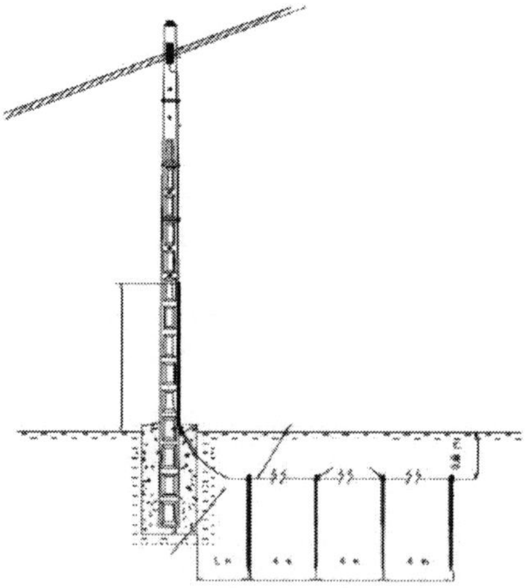

Tipo de práctica:

Individual	X
Pareja	
Grupo	

Nº de horas	NOTA FINAL
1	

Fdo:

Fecha:

Práctica número: 8 C

Objetivo

El objeto de esta práctica es establecer los criterios técnicos que han de seguirse en la realización sistemática de las medidas de la resistencia de las instalaciones de puesta a tierra

MEDICIÓN DE RESISTENCIA DE PUESTA A TIERRA

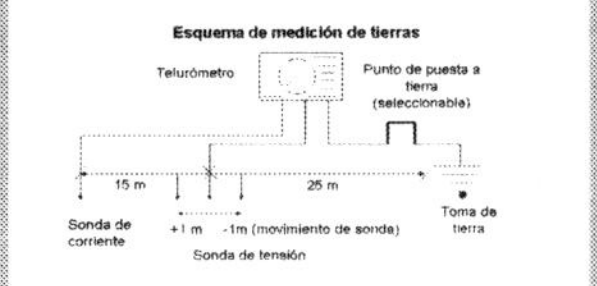

La puesta a tierra protege a las personas e instalaciones y no hay que confundirla con la masa. La puesta a tierra se empezó a utilizar con el uso del telégrafo pero para que funcionase correctamente en tiempo seco era necesario verter agua en las picas de toma de tierra, y los rayos provocaban interferencias por lo que se terminó desechando este sistema, retomandose posteriormente como protección.

Realiza la medicion para determinar los valores del terreno en elegido en cuanto a su resistencia de puesta a tierra

Equipo necesario

Un telurómetro o medidor de tierra.

Dos piquetas de acero o acero cobreado de 30 cm de longitud y 14 mm de diámetro.

Adicionalmente a los cables que lleva el telurómetro de origen, 2 cables flexibles yaislados de las mismas características que los correspondientes a los testigos de tensión e intensidad de una longitud de 100 metros y 150 metros respectivamente, en carretes independientes para enrollar y transportar.

Grapas de conexión, pinzas de cocodrilo u otro sistema que asegure la perfecta conexión de picas y testigos a sus respectivos cables del medidor.

Maza para clavar las piquetas, cinta métrica, herramientas y útiles de uso general.

Impresos de mediciones (Informe del instalador), bolígrafo y calculadora

Esquema de conexión

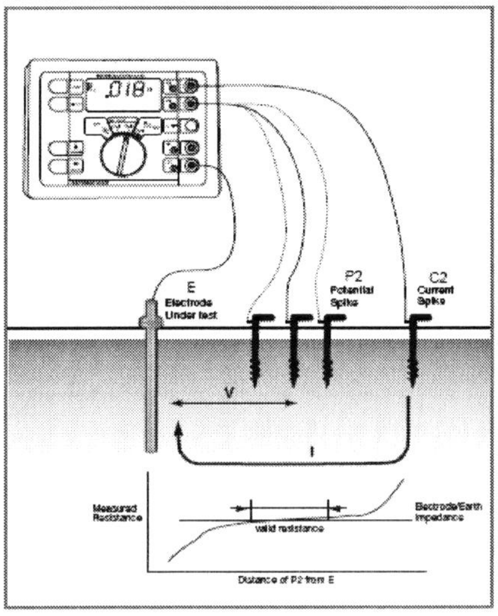

Aspectos previos:

Se deberá comprobar en todos los casos la ausencia de tensión en tierra
Si se observa presencia de tensión en tierra, NO MEDIR y reparar la avería.
Tampoco bebe de medirse en caso tormenta o precipitación atmosférica.

A. Desconectar la toma de tierra del punto de puesta a tierra
B. Conectar la toma de tierra al telurómetro.
C. Situar las sondas de tensión y de corriente en línea recta.

Pasos

Partiendo del punto de puesta a tierra, primero se coloca la de tensión y la más alejada la de corriente.
Se colocará la de tensión a 25 m del punto de puesta a tierra (seccionamiento) y la de corriente a 15 m adicionales (a 40 m del punto de puesta a tierra).
Se efectuará la medición y se anotará el valor. Una vez obtenido el valor, se acerca la sonda de tensión 1 m respecto al punto anterior y vuelve a medir.
Se repite la operación anterior pero esta vez alejándose 1 m respecto al punto anterior y vuelve a medir. Si los valores son idénticos al inicial, o la diferencia es menos de(-3 %) o (+3 %) respectivamente, la medición se dará por correcta, puesto que estaríamos en zona lineal y se anotará en el informe del instalador como valor de resistencia de tierra (también se anotará la distancia de la sonda de tensión, en este caso 25 m).
Si las variaciones son mayores de las expresadas, alejaremos más ambas sondas. Así colocaremos la de tensión a 50 m y la de corriente a 30 m adicionales (80 m del punto de p a t). Como puede verse las distancias son el doble que las anteriores. Se tomará la medición en este punto y las correspondientes al movimiento de alejamiento y acercamiento de la sonda de tensión de 1 m. Si por los valores obtenidos vemos que ya estamos en zona lineal daremos la medición por correcta. Si no es así colocaremos testigos a 75 m y 45 m (120 m) respectivamente y repetiremos procedimiento.

Resultados

1. Medición de tierra según procedimiento valor = ___________
2. Tipo de terreno___________________________
3. Electrodos instalados , número____, tipo _______e interdistancia entre ellos_________
4. Estado de humedad del terreno ___________________________
5. Continuidad en el circuito de tierra_________________
6. Presencia de tensión en tierra valor = ___________________
7. Valor de tierra a conseguir con tratamientos TERRAL ___________
8. Hay espacio para ampliación de circuito___________________
9. Comprobar estado de las conexiones (picas y punto de puesta a tierra.

Tipo de práctica:

Individual	
Pareja	
Grupo	X

Nº de horas	**NOTA FINAL**	**Fdo:**
8		**Fecha:**

Profesor

Práctica número: 8 A

Objetivo

El objeto de esta práctica es establecer los criterios técnicos que han de seguirse en la realización sistemática de las medidas de la resistencia de las instalaciones de puesta a tierra

MEDICIÓN DE RESISTENCIA DE PUESTA A TIERRA

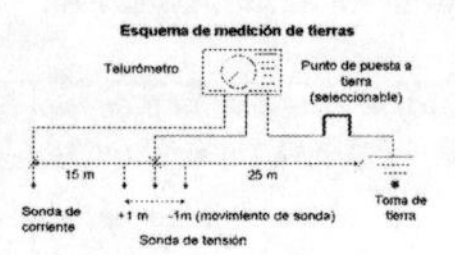

La puesta a tierra protege a las personas e instalaciones y no hay que confundirla con la masa. La puesta a tierra se empezó a utilizar con el uso del telégrafo pero para que funcionase correctamente en tiempo seco era necesario verter agua en las picas de toma de tierra, y los rayos provocaban interferencias por lo que se terminó desechando este sistema, retomandose posteriormente como protección.

Actividad 1

Señala las partes de las instalaciones de puesta a tierra

ITC-BT-18

1. OBJETO.
Las puestas a tierra se establecen principalmente con objeto de limitar la tensión que, con respecto a tierra, puedan presentar en un momento dado las masas metálicas, asegurar la actuación de las protecciones y eliminar o disminuir el riesgo que supone una avería en los materiales eléctricos utilizados. Cuando otras instrucciones técnicas prescriban como obligatoria la puesta a tierra de algún elemento o parte de la instalación, dichas puestas a tierra se regirán por el contenido de la presente instrucción.

2. PUESTA O CONEXIÓN A TIERRA. DEFINICIÓN.
La puesta o conexión a tierra es la unión eléctrica directa, sin fusibles ni protección alguna, de una parte del circuito eléctrico o de una parte conductora no perteneciente al mismo mediante una toma de tierra con un electrodo o grupos de electrodos enterrados en el suelo. Mediante la instalación de puesta a tierra se deberá conseguir que en el conjunto de instalaciones, edificios y superficie próxima del terreno no aparezcan diferencias de potencial peligrosas y que, al mismo tiempo, permita el paso a tierra de las corrientes de defecto o las de descarga de origen atmosférico.

3. UNIONES A TIERRA.
Las disposiciones de puesta a tierra pueden ser utilizadas a la vez o separadamente, por razones de protección o razones funcionales, según las prescripciones de la instalación.
La elección e instalación de los materiales que aseguren la puesta a tierra deben ser tales que :
El valor de la resistencia de puesta a tierra esté conforme con las normas de protección y de funcionamiento de la instalación y se mantenga de esta manera a lo largo del tiempo, teniendo en cuenta los requisitos generales indicados en la ITC-BT-24 y los requisitos particulares de las Instrucciones Técnicas aplicables a cada instalación.
Las corrientes de defecto a tierra y las corrientes de fuga puedan circular sin peligro, particularmente desde el punto de vista de solicitaciones térmicas, mecánicas y eléctricas.
La solidez o la protección mecánica quede asegurada con independencia de las condiciones estimadas de influencias externas.
Contemplen los posibles riesgos debidos a electrólisis que pudieran afectar a otras partes metálicas.

3.1. Tomas de tierra.
Para la toma de tierra se pueden utilizar electrodos formados por: barras, tubos; pletinas, conductores desnudos; placas; anillos o mallas metálicas constituidos por los elementos anteriores o sus combinaciones; armaduras de hormigón enterradas; con xcepción de las armaduras pretensadas; otras estructuras enterradas que se demuestre que son apropiadas.
Los conductores de cobre utilizados como electrodos serán de construcción y resistencia eléctrica según la clase 2 de la norma UNE 21.022.
El tipo y la profundidad de enterramiento de las tomas de tierra deben ser tales que la posible pérdida de humedad del suelo, la presencia del hielo u otros efectos climáticos, no aumenten la resistencia de la toma de tierra por encima del valor previsto.
La profundidad nunca será inferior a 0,50 m.
Los materiales utilizados y la realización de las tomas de tierra deben ser tales que no se vea afectada la resistencia mecánica y eléctrica por efecto de la corrosión de forma que comprometa las características del diseño de la instalación.
Las canalizaciones metálicas de otros servicios (agua, líquidos o gases inflamables, calefacción central, etc.) no deben ser utilizadas como tomas de tierra por razones de seguridad.
Las envolventes de plomo y otras envolventes de cables que no sean susceptibles de deterioro debido a una corrosión excesiva, pueden ser utilizadas como toma de tierra, previa autorización del propietario, tomando las precauciones debidas para que el usuario de la instalación eléctrica sea advertido de los cambios del cable que podría afectar a sus características de puesta a tierra.

3.2. Conductores de tierra.
La sección de los conductores de tierra tienen que satisfacer las prescripciones del apartado 3.4 de esta Instrucción y, cuando estén enterrados, deberán estar de acuerdo con los valores de la tabla 1. La sección no será inferior a la mínima exigida para los conductores de protección. TIPO Protegido mecánicamente No protegido mecánicamente Protegido contra la corrosión* Según apartado 3.4 16 mm2 Cobre 16 mm2 Acero Galvanizado No protegido contra la corrosión 25 mm2 Cobre 50 mm2 Hierro
* La protección contra la corrosión puede obtenerse mediante una envolvente
Durante la ejecución de las uniones entre conductores de tierra y electrodos de tierra debe extremarse el cuidado para que resulten eléctricamente correctas.
Debe cuidarse, en especial, que las conexiones, no dañen ni a los conductores ni a los electrodos de tierra.

3.3. Bornes de puesta a tierra.
En toda instalación de puesta a tierra debe preverse un borne principal de tierra, al cual deben unirse los conductores siguientes:Los conductores de tierra. Los conductores de protección.
Los conductores de unión equipotencial principal.
Los conductores de puesta a tierra funcional, si son necesarios. Debe preverse sobre los conductores de tierra y en lugar accesible, un dispositivo que permita medir la resistencia de la toma de tierra correspondiente. Este dispositivo puede estar combinado con el borne principal de tierra, debe ser desmontable necesariamente por medio de un útil, tiene que ser mecánicamente seguro y debe asegurar la continuidad eléctrica.

3.4. Conductores de protección.
Los conductores de protección sirven para unir eléctricamente las masas de una instalación a ciertos elementos con el fin de asegurar la protección contra contactos indirectos.
En el circuito de conexión a tierra, los conductores de protección
unirán las masas al conductor de tierra En otros casos reciben igualmente el nombre de conductores de protección, aquellos conductores que unen las masas: al neutro de la red, a un relé de protección. La sección de los conductores de protección será la indicada en la tabla 2, o se obtendrá por cálculo conforme a lo indicado en la Norma UNE 20.460 -5-54 apartado 543.1.1. Si la aplicación de la tabla conduce a valores no normalizados, se han de utilizar conductores que tengan la sección normalizada superior más próxima.

Los valores de la tabla 2 solo son válidos en el caso de que los conductores de protección hayan sido fabricados del mismo material que los conductores activos; de no ser así, las secciones de los conductores de protección se determinarán de forma que presenten una conductibilidad equivalente a la que resulta aplicando la tabla 2.
En todos los casos los conductores de protección que no forman parte de la canalización de alimentación serán de cobre con una sección, al menos de: 2,5 mm2, si los conductores de protección disponen de una protección mecánica. 4 mm2, si los conductores de protección no disponen de una protección mecánica. Cuando el conductor de protección sea común a varios circuitos, la sección de ese conductor debe dimensionarse en función de la mayor sección de los conductores de fase.

Como conductores de protección pueden utilizarse:
conductores en los cables multiconductores, o
conductores aislados o desnudos que posean una envolvente común con los conductores activos, o
conductores separados desnudos o aislados.
Cuando la instalación consta de partes de envolventes de conjuntos montadas en fábrica o de canalizaciones prefabricadas con envolvente metálica, estas envolventes pueden ser utilizadas como conductores de protección si satisfacen, simultáneamente, las tres condiciones siguientes:

Su continuidad eléctrica debe ser tal que no resulte afectada por deterioros mecánicos, químicos o electroquímicos. Su conductibilidad debe ser, como mínimo, igual a la que resulta por la aplicación del presente apartado.
Deben permitir la conexión de otros conductores de protección en toda derivación predeterminada. La cubierta exterior de los cables con aislamiento mineral, puede utilizarse como conductor de protección de los circuitos correspondientes, si satisfacen simultáneamente las condiciones a) y b) anteriores. Otros conductos (agua, gas u otros tipos) o estructuras metálicas, no pueden utilizarse como conductores de protección (CP ó CPN).
Los conductores de protección deben estar convenientemente protegidos contra deterioros mecánicos, químicos y electroquímicos y contra los esfuerzos electrodinámicos.

Las conexiones deben ser accesibles para la verificación y ensayos, excepto en el caso de las efectuadas en cajas selladas con material de relleno o en cajas no desmontables con juntas estancas. Ningún aparato deberá ser intercalado en el conductor de protección, aunque para los ensayos podrán utilizarse conexiones desmontables mediante útiles adecuados. Las masas de los equipos a unir con los conductores de protección no deben ser conectadas en serie en un circuito de protección, con excepción de las envolventes montadas en fábrica o canalizaciones prefabricadas mencionadas anteriormente.

4. PUESTA A TIERRA POR RAZONES DE PROTECCIÓN.
Para las medidas de protección en los esquemas TN, TT e IT, ver la ITC-BT 24. Cuando se utilicen dispositivos de protección contra sobreintensidades para la protección contra el choque eléctrico, será preceptiva la incorporación del conductor de protección en la misma canalización que los conductores activos o en su proximidad inmediata.

4.1. Tomas de tierra y conductores de protección para dispositivos de control de tensión de defecto.
La toma de tierra auxiliar del dispositivo debe ser eléctricamente independiente de todos los elementos metálicos puestos a tierra, tales como elementos de construcciones metálicas, conducciones metálicas, cubiertas metálicas de cables.
Esta condición se considera como cumplida si la toma de tierra auxiliar se instala a una distancia especificada de todo elemento metálico puesto a tierra, tal que quede fuera de la zona de influencia de la puesta a tierra principal.
La unión a esta toma de tierra debe estar aislada, con el fin de evitar todo contacto con el conductor de protección o cualquier elemento que pueda estar conectados a él. El conductor de protección no debe estar unido más que a las masas de aquellos equipos eléctricos cuya alimentación pueda ser interrumpida cuando el dispositivo de protección funcione en las condiciones de defecto

Profesor

Fdo:

Fecha:

Práctica número: 8 B

Objetivo

El objeto de esta práctica es establecer los criterios técnicos que han de seguirse en la realización sistemática de las medidas de la resistencia de las instalaciones de puesta a tierra

MEDICIÓN DE RESISTENCIA DE PUESTA A TIERRA

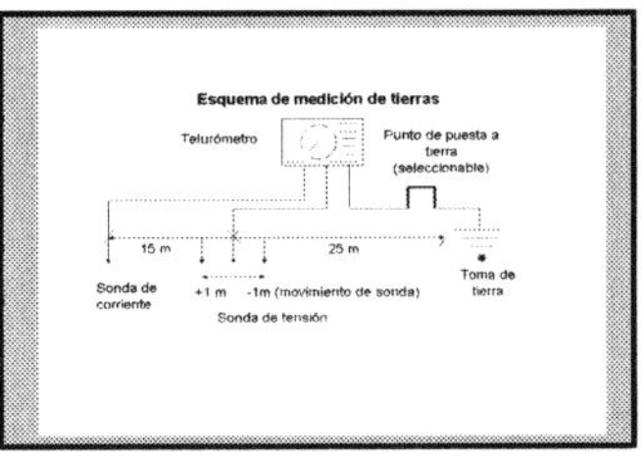

La puesta a tierra protege a las personas e instalaciones y no hay que confundirla con la masa. La puesta a tierra se empezó a utilizar con el uso del telégrafo pero para que funcionase correctamente en tiempo seco era necesario verter agua en las picas de toma de tierra, y los rayos provocaban interferencias por lo que se terminó desechando este sistema, retomandose posteriormente como protección.

Actividad 1

Señala las partes de las instalaciones de puesta a tierra

1

.- POLO DE TIERRA

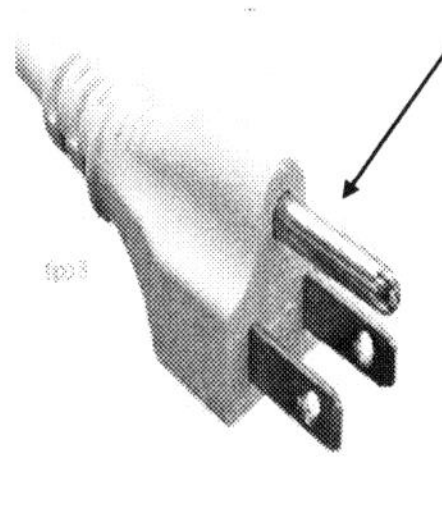

2

.- CONDUCTORES
.- CONEXIONES
.- ELETRODO
CONDUCTOR Cu
PICAS

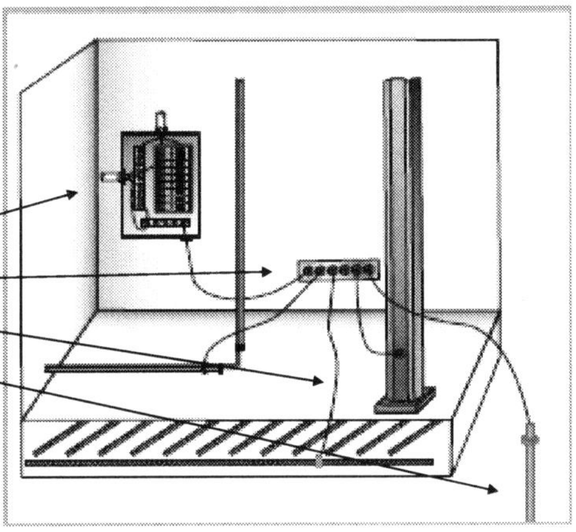

3

.- CONEXIÓN
.- CONDUCTORES
(Aislado / Desnudo)
.- TUBO RÍGIDO
.- ELETRODO
CONDUCTOR Cu
PICAS

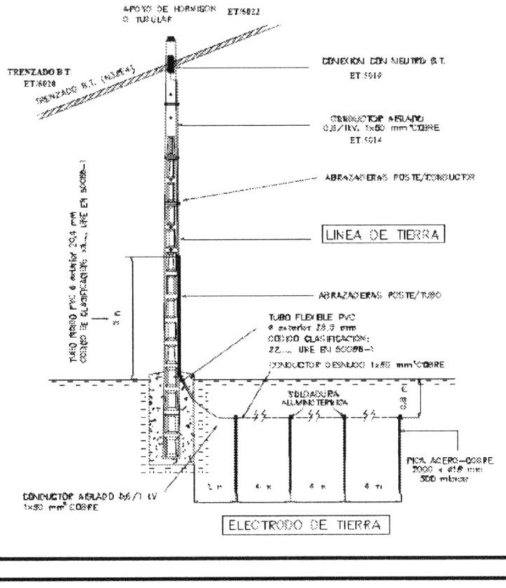

Profesor

Fdo:

Fecha:

Práctica número: 8 C

Objetivo

El objeto de esta práctica es establecer los criterios técnicos que han de seguirse en la realización sistemática de las medidas de la resistencia de las instalaciones de puesta a tierra

MEDICIÓN DE RESISTENCIA DE PUESTA A TIERRA

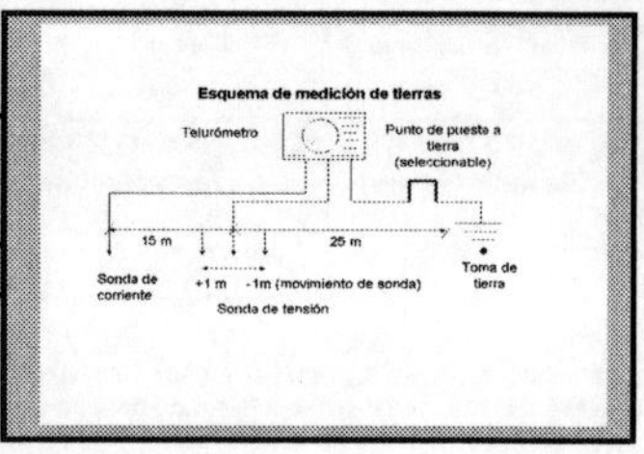

La puesta a tierra protege a las personas e instalaciones y no hay que confundirla con la masa. La puesta a tierra se empezó a utilizar con el uso del telégrafo pero para que funcionase correctamente en tiempo seco era necesario verter agua en las picas de toma de tierra, y los rayos provocaban interferencias por lo que se terminó desechando este sistema, retomandose posteriormente como protección.

Realiza la medicion para determinar los valores del terreno en elegido en cuanto a su resistencia de puesta a tierra

Equipo necesario

Un telurómetro o medidor de tierra.

Dos piquetas de acero o acero cobreado de 30 cm de longitud y 14 mm de diámetro.

Adicionalmente a los cables que lleva el telurómetro de origen, 2 cables flexibles yaislados de las mismas características que los correspondientes a los testigos de tensión e intensidad de una longitud de 100 metros y 150 metros respectivamente, en carretes independientes para enrollar y transportar.

Grapas de conexión, pinzas de cocodrilo u otro sistema que asegure la perfecta conexión de picas y testigos a sus respectivos cables del medidor.

Maza para clavar las piquetas, cinta métrica, herramientas y útiles de uso general.

Impresos de mediciones (Informe del instalador), bolígrafo y calculadora

Esquema de conexión

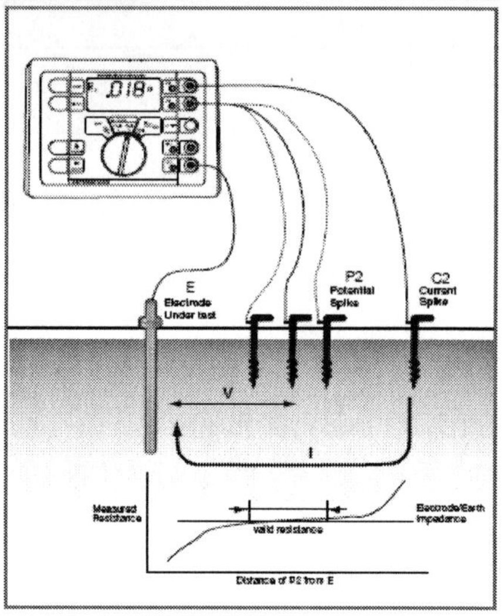

Aspectos previos:

Se deberá comprobar en todos los casos la ausencia de tensión en tierra
Si se observa presencia de tensión en tierra, NO MEDIR y reparar la avería.
Tampoco bebe de medirse en caso tormenta o precipitación atmosférica.

A. Desconectar la toma de tierra del punto de puesta a tierra
B. Conectar la toma de tierra al telurómetro.
C. Situar las sondas de tensión y de corriente en línea recta.

Pasos

Partiendo del punto de puesta a tierra, primero se coloca la de tensión y la más alejada la de corriente.
Se colocará la de tensión a 25 m del punto de puesta a tierra (seccionamiento) y la de corriente a 15 m adicionales (a 40 m del punto de puesta a tierra).
Se efectuará la medición y se anotará el valor. Una vez obtenido el valor, se acerca la sonda de tensión 1 m respecto al punto anterior y vuelve a medir.
Se repite la operación anterior pero esta vez alejándose 1 m respecto al punto anterior y vuelve a medir. Si los valores son idénticos al inicial, o la diferencia es menos de(-3 %) o (+3 %) respectivamente, la medición se dará por correcta, puesto que estaríamos en zona lineal y se anotará en el informe del instalador como valor de resistencia de tierra (también se anotará la distancia de la sonda de tensión, en este caso 25 m).
Si las variaciones son mayores de las expresadas, alejaremos más ambas sondas. Así colocaremos la de tensión a 50 m y la de corriente a 30 m adicionales (80 m del punto de p a t). Como puede verse las distancias son el doble que las anteriores. Se tomará la medición en este punto y las correspondientes al movimiento de alejamiento y acercamiento de la sonda de tensión de 1 m. Si por los valores obtenidos vemos que ya estamos en zona lineal daremos la medición por correcta. Si no es así colocaremos testigos a 75 m y 45 m (120 m) respectivamente y repetiremos procedimiento.

Resultados

1. Medición de tierra según procedimiento valor = __________
2. Tipo de terreno__________________________
3. Electrodos instalados , número____, tipo ______e interdistancia entre ellos________
4. Estado de humedad del terreno ______________________
5. Continuidad en el circuito de tierra_______________
6. Presencia de tensión en tierra valor = _______________
7. Valor de tierra a conseguir con tratamientos TERRAL __________
8. Hay espacio para ampliación de circuito____________
9. Comprobar estado de las conexiones (picas y punto de puesta a tierra.

Depende del terreno elegido, tener datos de otros años

Profesor

8

Fdo:

Fecha:

9

INSTALACIONES ELÉCTRICAS DE INTERIOR DE VIVIENDAS

Alumno

Práctica número: 9 A

Objetivo

El objetivo principal es conseguir que los alumnos se familiaricen y conozcan los diferentes elementos que componen una instalación eléctrica de interior de viviendas. Deben ser capaces de calcularlas.

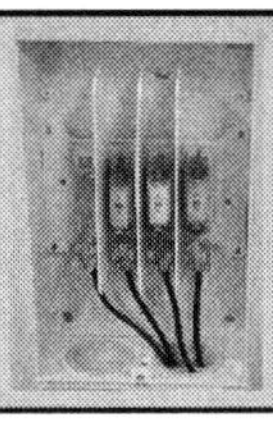

INSTALACIONES ELÉCTRICAS DE INTERIOR

Según la ITC BT 10 del REBT una electrificación básica en una vivienda será la necesaria para la cobertura de las posibles necesidades de utilización primarias sin necesidad de obras posteriores de adecuación. Debe permitir la utilización de los aparatos eléctricos de uso común en una vivienda.
En las ITC BT 19, 20, 21, 26 y 27 se establecen las condiciones de instalación. En las ITC BT 22, 23 y 24 las medidas de protección de instalaciones y personas sin olvidar la ITC BT 25 que establece los circuitos, puntos de luz y bases de corriente a instalar.

Actividad 1

En una vivienda de 100 m2, tenemos los siguientes receptores en cada habitación:

Comedor: 3 bombillas de 100 W, televisión de 150 W, equipo de música 135 W, DVD 60 W, lámpara de 40 W.
Pasillo: 4 bombillas halógenas de 50 W.
Cocina: 2 fluorescentes de 30 W, Nevera de 350 W, lavavajillas 600 W, microondas 700 W, horno 1500 W, lavadora 800 W y secadora de 550 W.
Dormitorio de matrimonio: 5 bombillas de 60 W, dos lámparas de 40 W, televisión de 80 W.
Dormitorio del niño: Lámpara de bajo consumo de 7 W, ordenador personal 400 W, radio CD 45 W.
Estudio: Luminaria con 3 fluorescentes de 35 W, ordenador portátil de 80 W.
Baño: 3 bombillas de 25 W, 1 bombillas de 60 W, secador de pelo de 1000 W.

Obtener la potencia total instalada en la vivienda

Actividad 2

¿Con qué tipo de electrificación corresponde el ejemplo anterior?

Actividad 3

¿Qué tipo de electrificación debemos elegir para una vivienda donde queremos poner aire acondicionado?

Actividad 4

¿Qué tipo de electrificación debemos elegir para una vivienda usual de 90 m2, con lavadora y termo eléctrico?

Tipo de práctica:

Individual	X
Pareja	
Grupo	

Nº de horas	NOTA FINAL
1	

2do:

Fecha:

Práctica número: 9 B

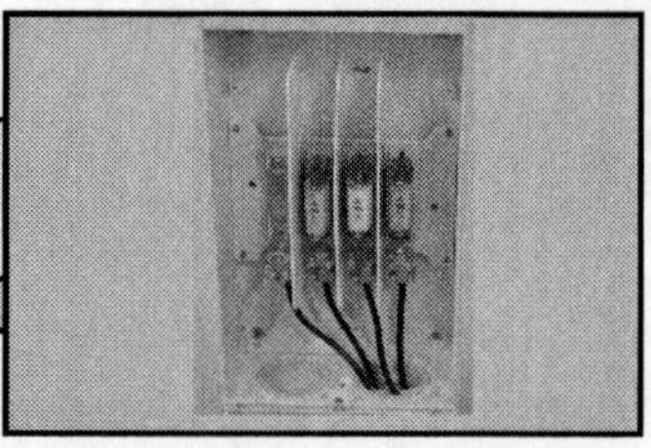

Objetivo

El objetivo principal es conseguir que los alumnos se familiaricen y conozcan los diferentes elementos que componen una instalación eléctrica de interior de viviendas. Deben ser capaces de calcularlas.

INSTALACIONES ELÉCTRICAS DE INTERIOR

Según la ITC BT 10 del REBT una electrificación básica en una vivienda será la necesaria para la cobertura de las posibles necesidades de utilización primarias sin necesidad de obras posteriores de adecuación. Debe permitir la utilización de los aparatos eléctricos de uso común en una vivienda.

En las ITC BT 19, 20, 21, 26 y 27 se establecen las condiciones de instalación. En las ITC BT 22, 23 y 24 las medidas de protección de instalaciones y personas sin olvidar la ITC BT 25 que establece los circuitos, puntos de luz y bases de corriente a instalar.

Actividad 1

Indica las partes de la instalación eléctrica de la figura

ACOMETIDA
CAJA GENERAL DE PROTECCIONES
LÍNEA REPARTIDORA
CONTADORES
DERIVACIÓN INDIVIDUAL

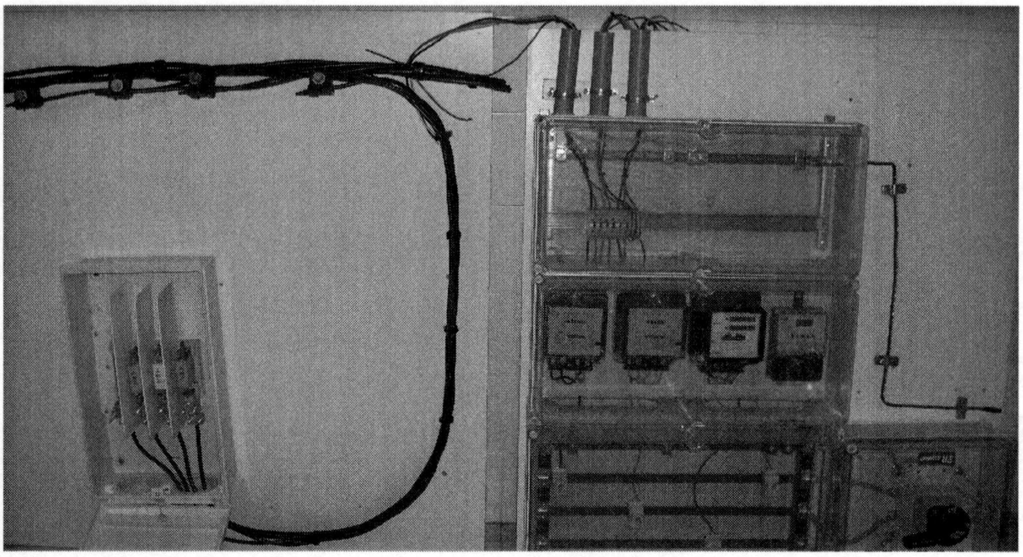

Tipo de práctica:

Individual	X
Pareja	
Grupo	

Nº de horas	NOTA FINAL
1	

2do:

Fecha:

Práctica número: 9 C

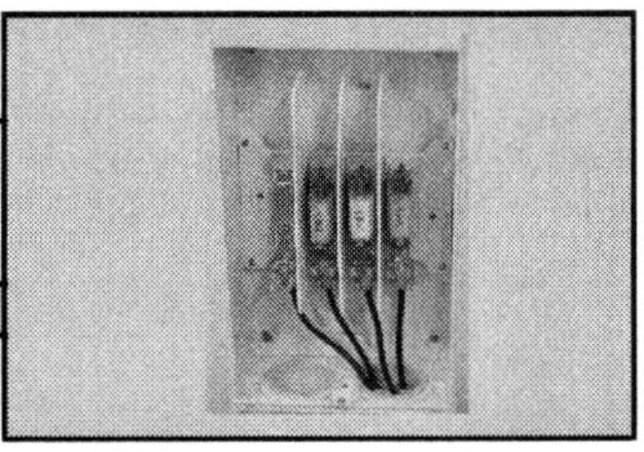

Objetivo

El objetivo principal es conseguir que los alumnos se familiaricen y conozcan los diferentes elementos que componen una instalación eléctrica de interior de viviendas. Deben ser capaces de calcularlas.

INSTALACIONES ELÉCTRICAS DE INTERIOR

Según la ITC BT 10 del REBT una electrificación básica en una vivienda será la necesaria para la cobertura de las posibles necesidades de utilización primarias sin necesidad de obras posteriores de adecuación. Debe permitir la utilización de los aparatos eléctricos de uso común en una vivienda.
En las ITC BT 19, 20, 21, 26 y 27 se establecen las condiciones de instalación. En las ITC BT 22, 23 y 24 las medidas de protección de instalaciones y personas sin olvidar la ITC BT 25 que establece los circuitos, puntos de luz y bases de corriente a instalar.

Actividad 1

Indica los circuitos que debe tener una vivienda en la que vamos a instalar los siguientes elementos:

20 puntos de luz,
25 tomas de corriente,
1 lavadora,
1 televisión,
1 cocina eléctrica y 2 aires acondicionados

Actividad 2

Dibuja el esquema unifilar y multifilar de las siguientes instalaciones:

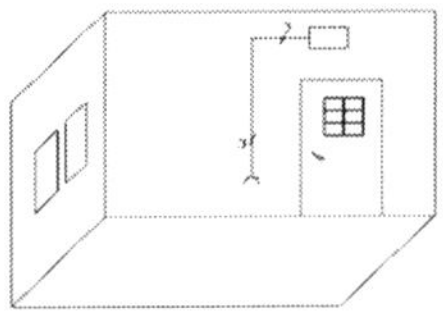

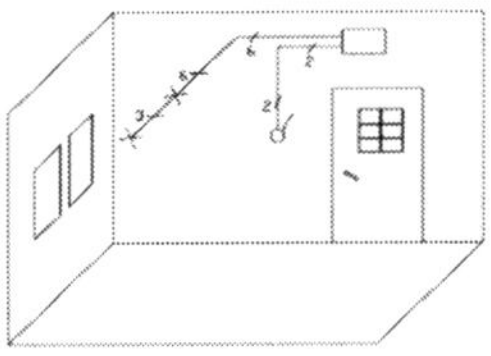

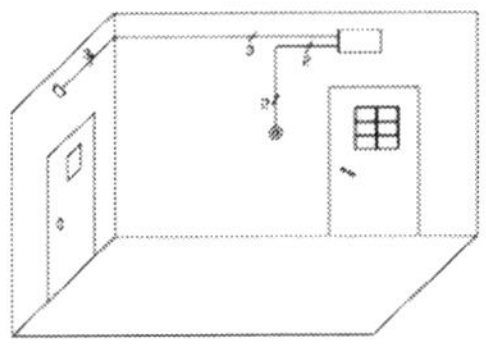

Tipo de práctica:

Individual	X
Pareja	
Grupo	

Nº de horas	**NOTA FINAL**
1	

2do:

Fecha:

Práctica número: 9 D

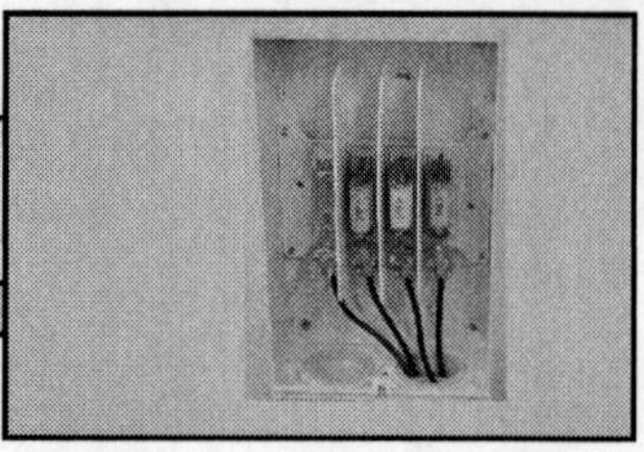

Objetivo

El objetivo principal es conseguir que los alumnos se familiaricen y conozcan los diferentes elementos que componen una instalación eléctrica de interior de viviendas. Deben ser capaces de calcularlas.

INSTALACIONES ELÉCTRICAS DE INTERIOR

Según la ITC BT 10 del REBT una electrificación básica en una vivienda será la necesaria para la cobertura de las posibles necesidades de utilización primarias sin necesidad de obras posteriores de adecuación. Debe permitir la utilización de los aparatos eléctricos de uso común en una vivienda.

En las ITC BT 19, 20, 21, 26 y 27 se establecen las condiciones de instalación. En las ITC BT 22, 23 y 24 las medidas de protección de instalaciones y personas sin olvidar la ITC BT 25 que establece los circuitos, puntos de luz y bases de corriente a instalar.

Actividad 1

Marca con un punto donde las tomas de corriente

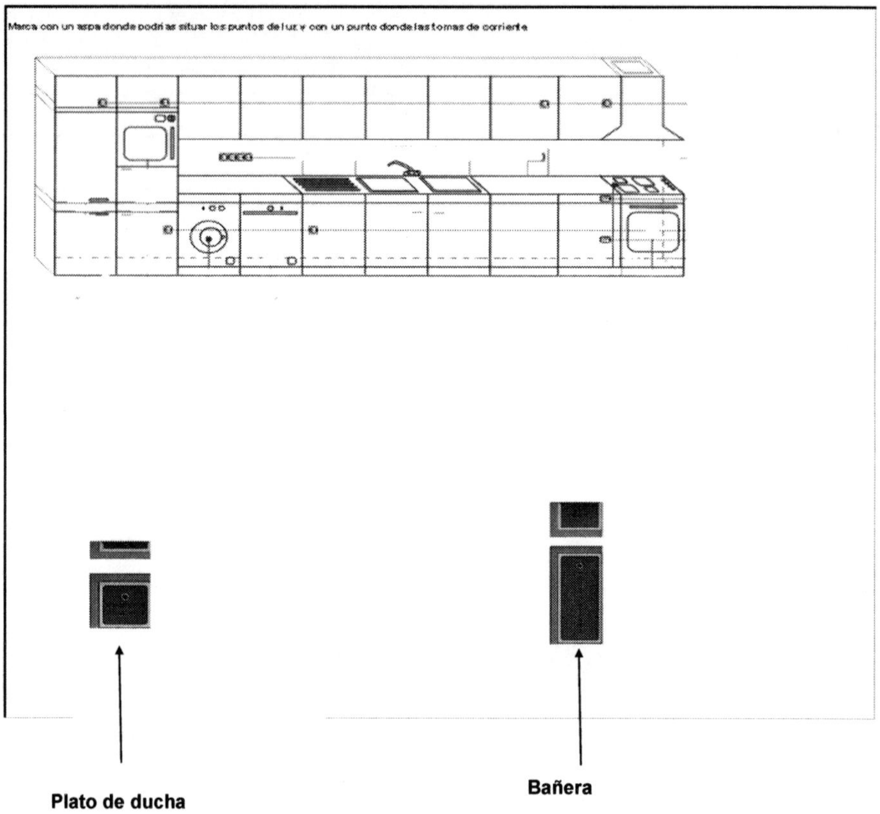

Tipo de práctica:	
Individual	X
Pareja	
Grupo	

Nº de horas	NOTA FINAL
1	

2do:

Fecha:

Práctica número: 9 E

Objetivo

El objetivo principal es conseguir que los alumnos se familiaricen y conozcan los diferentes elementos que componen una instalación eléctrica de interior de viviendas. Deben ser capaces de calcularlas.

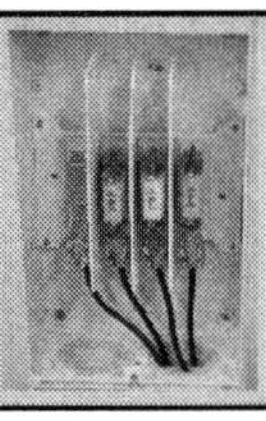

INSTALACIONES ELÉCTRICAS DE INTERIOR

Según la ITC BT 10 del REBT una electrificación básica en una vivienda será la necesaria para la cobertura de las posibles necesidades de utilización primarias sin necesidad de obras posteriores de adecuación. Debe permitir la utilización de los aparatos eléctricos de uso común en una vivienda.
En las ITC BT 19, 20, 21, 26 y 27 se establecen las condiciones de instalación. En las ITC BT 22, 23 y 24 las medidas de protección de instalaciones y personas sin olvidar la ITC BT 25 que establece los circuitos, puntos de luz y bases de corriente a instalar.

Actividad 1

PRACTICA DE INSTALACIÓN ELÉCTRICA DE UNA VIVIENDA:

En los el siguiente vídeo puede verse la práctica realizada por alumnos del Ciclo Formativo de Grado Medio de Instalaciones Eléctricas y Automáticas del IES Serra d'Espadà de Onda (Castellón) en la que han simulado el cuadro e instalación de una vivienda de electrificación básica

VIDEO: http://www.youtube.com/watch?v=j7D2ekR Wb8&feature=watch response rev

A partir del esquema siguiente, realizar la maqueta que simule la planta de una vivienda de **grado de electrificación básico** con sus circuitos correspondientes:

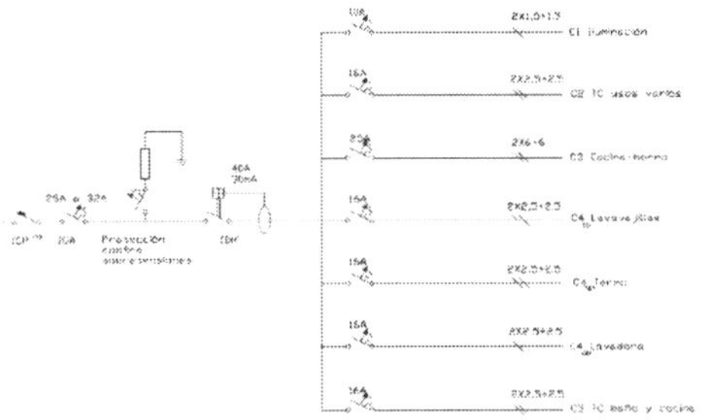

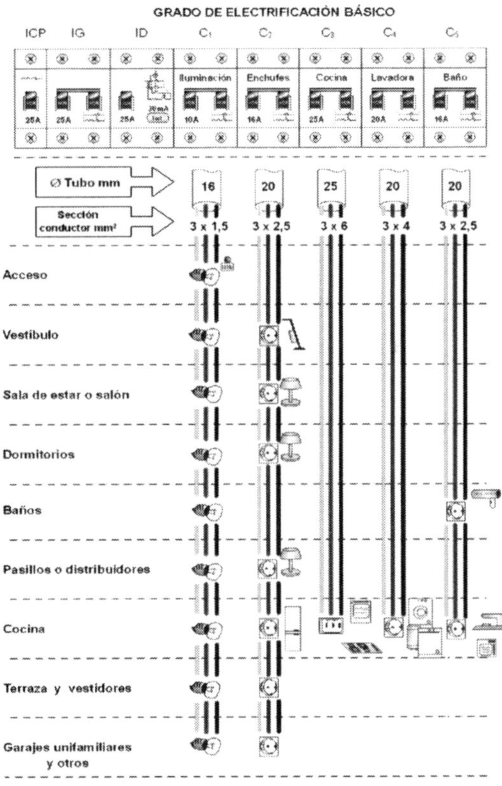

Circuitos de la electrificación básica:

- C_1 circuito de distribución interna, destinado a alimentar los puntos de iluminación.
- C_2 circuito de distribución interna, destinado a tomas de corriente de uso general y frigorífico.
- C_3 circuito de distribución interna, destinado a alimentar la cocina y horno.
- C_4 circuito de distribución interna, destinado a alimentar la lavadora, lavavajillas y el termo eléctrico.
- C_5 circuito de distribución interna, destinado a alimentar tomas de corriente de los cuartos de baño, así como las bases auxiliares del cuarto de cocina

Tipo de práctica:

Individual	
Pareja	
Grupo	X

Nº de horas: 8

NOTA FINAL

2do:

Fecha:

Profesor

Práctica número: 9 A

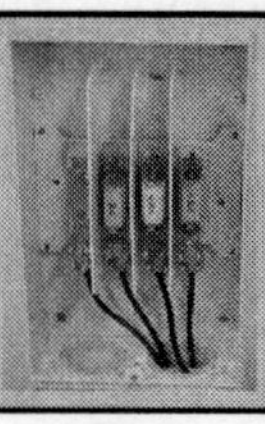

Objetivo

El objetivo principal es conseguir que los alumnos se familiaricen y conozcan los diferentes elementos que componen una instalación eléctrica de interior de viviendas. Deben ser capaces de calcularlas.

INSTALACIONES ELÉCTRICAS DE INTERIOR

Según la ITC BT 10 del REBT una electrificación básica en una vivienda será la necesaria para la cobertura de las posibles necesidades de utilización primarias sin necesidad de obras posteriores de adecuación. Debe permitir la utilización de los aparatos eléctricos de uso común en una vivienda.
En las ITC BT 19, 20, 21, 26 y 27 se establecen las condiciones de instalación. En las ITC BT 22, 23 y 24 las medidas de protección de instalaciones y personas sin olvidar la ITC BT 25 que establece los circuitos, puntos de luz y bases de corriente a instalar.

Actividad 1

En una vivienda de 100 m2, tenemos los siguientes receptores en cada habitación:

Comedor: 3 bombillas de 100 W, televisión de 150 W, equipo de música 135 W, DVD 60 W, lámpara de 40 W.
Pasillo: 4 bombillas halógenas de 50 W.
Cocina: 2 fluorescentes de 30 W, Nevera de 350 W, lavavajillas 600 W, microondas 700 W, horno 1500 W, lavadora 800 W y secadora de 550 W.
Dormitorio de matrimonio: 5 bombillas de 60 W, dos lámparas de 40 W, televisión de 80 W.
Dormitorio del niño: Lámpara de bajo consumo de 7 W, ordenador personal 400 W, radio CD 45 W.
Estudio: Luminaria con 3 fluorescentes de 35 W, ordenador portátil de 80 W.
Baño: 3 bombillas de 25 W, 1 bombillas de 60 W, secador de pelo de 1000 W.

Obtener la potencia total instalada en la vivienda

La potencia instalada seré

Estancia	Potencias	Total
Comedor	3*100 + 150 +135 + 60 + 40	685W
Pasillo	4*50	200W
Cocina	2*30+350+600+700+1500+800+550	4560W
Dormitorio 1	5*60+2*40+80	460W
Dormitorio 2	7+400+45	452W
Estudio	3*32+80	185W
Baño	3*25+60+1000	1135W
Total		7677W

Si dividimos la potencia total por la tensión obtenemos la corriente que entrará en la vivienda.

I = P / V = 7677 w / 230 v = 33,4 A

Actividad 2

¿Con qué tipo de electrificación corresponde el ejemplo anterior?

Electrificación básica. La dimensión de la vivienda es inferior a 160 m2, no dispone ni de calefacción ni de aire acondicionado y no supera los 9.200 W.

Actividad 3

¿Qué tipo de electrificación debemos elegir para una vivienda donde queremos poner aire acondicionado?

Elevada

Actividad 4

¿Qué tipo de electrificación debemos elegir para una vivienda usual de 90 m2, con lavadora y termo eléctrico?

Básica

Profesor

Nº

2do:

Fecha:

Práctica número: 9 B

Objetivo

El objetivo principal es conseguir que los alumnos se familiaricen y conozcan los diferentes elementos que componen una instalación eléctrica de interior de viviendas. Deben ser capaces de calcularlas.

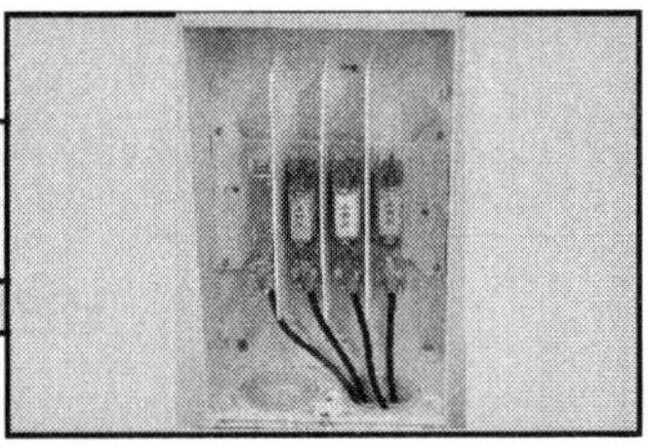

INSTALACIONES ELÉCTRICAS DE INTERIOR

Según la ITC BT 10 del REBT una electrificación básica en una vivienda será la necesaria para la cobertura de las posibles necesidades de utilización primarias sin necesidad de obras posteriores de adecuación. Debe permitir la utilización de los aparatos eléctricos de uso común en una vivienda.
En las ITC BT 19, 20, 21, 26 y 27 se establecen las condiciones de instalación. En las ITC BT 22, 23 y 24 las medidas de protección de instalaciones y personas sin olvidar la ITC BT 25 que establece los circuitos, puntos de luz y bases de corriente a instalar.

Actividad 1

Indica las partes de la instalación eléctrica de la figura

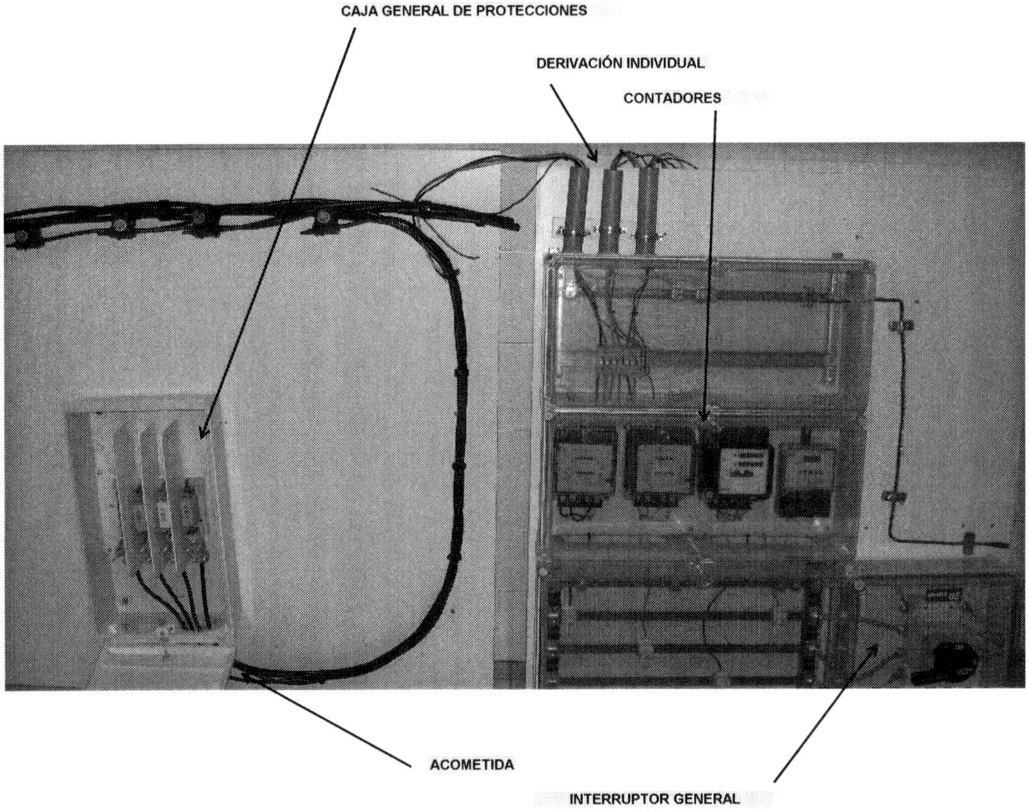

Profesor

Nº de

2do:

Fecha:

Práctica número: 9 C

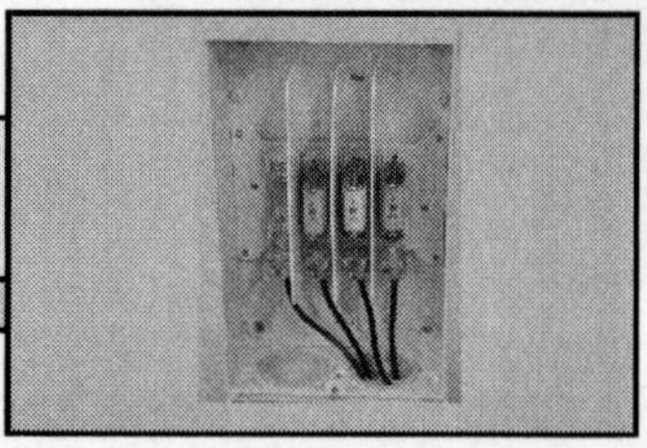

Objetivo

El objetivo principal es conseguir que los alumnos se familiaricen y conozcan los diferentes elementos que componen una instalación eléctrica de interior de viviendas. Deben ser capaces de calcularlas.

INSTALACIONES ELÉCTRICAS DE INTERIOR

Según la ITC BT 10 del REBT una electrificación básica en una vivienda será la necesaria para la cobertura de las posibles necesidades de utilización primarias sin necesidad de obras posteriores de adecuación. Debe permitir la utilización de los aparatos eléctricos de uso común en una vivienda.
En las ITC BT 19, 20, 21, 26 y 27 se establecen las condiciones de instalación. En las ITC BT 22, 23 y 24 las medidas de protección de instalaciones y personas sin olvidar la ITC BT 25 que establece los circuitos, puntos de luz y bases de corriente a instalar.

Actividad 1

Indica los circuitos que debe tener una vivienda en la que vamos a instalar los siguientes elementos:

20 puntos de luz,
25 tomas de corriente,
1 lavadora,
1 televisión,
1 cocina eléctrica y 2 aires acondicionados

Solución:

Circuito de utilización	
C_1 Iluminación	Para 20 puntos de luz
C_2 Tomas de uso general	Para 20 tomas de corriente
C_3 Cocina	Cocina eléctrica
C_4 Lavadora	Lavadora
C_5 Baño, cuarto de cocina	Tomas en baños
C_7 Tomas de uso general	Para 5 tomas de corriente y televisor
C_9 Aire acondicionado	2 aires acondicionados

Actividad 2

Dibuja el esquema unifilar y multifilar de las siguientes instalaciones:

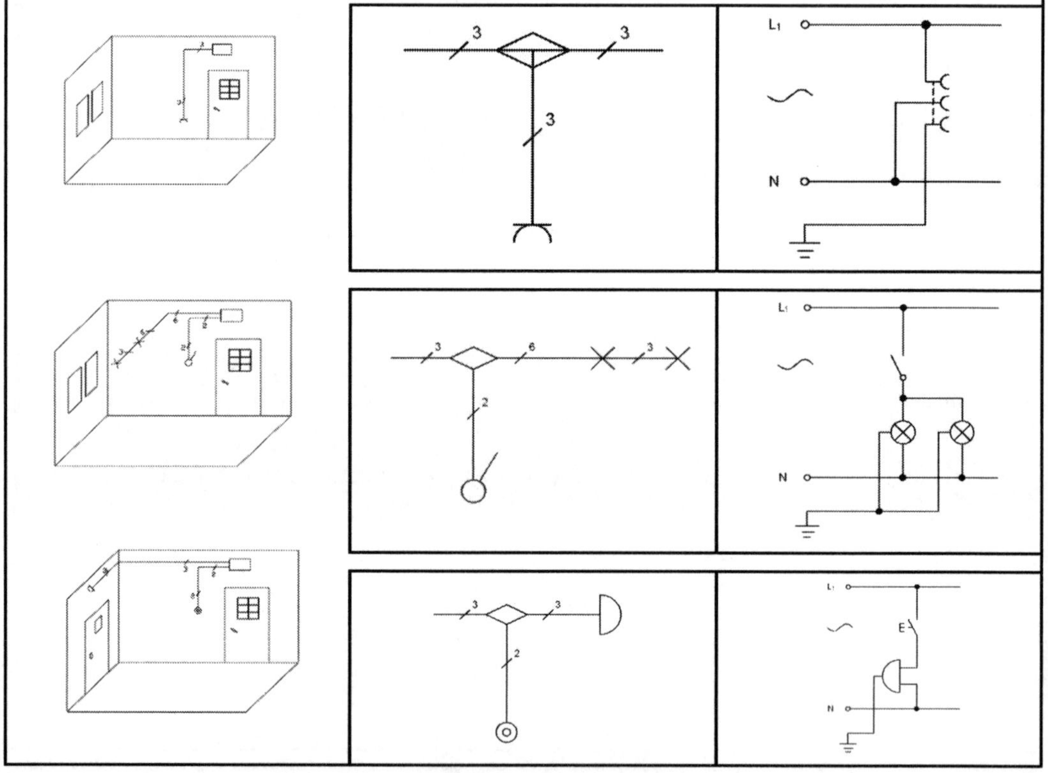

Profesor

Nº

2do:

Fecha:

Práctica número: 9 D

Objetivo

El objetivo principal es conseguir que los alumnos se familiaricen y conozcan los diferentes elementos que componen una instalación eléctrica de interior de viviendas. Deben ser capaces de calcularlas.

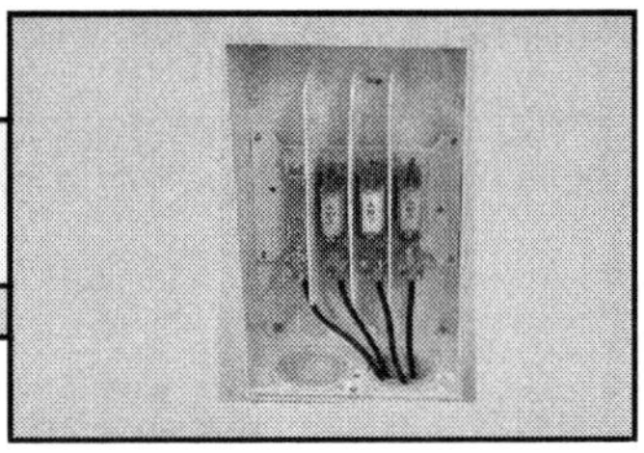

INSTALACIONES ELÉCTRICAS DE INTERIOR

Según la ITC BT 10 del REBT una electrificación básica en una vivienda será la necesaria para la cobertura de las posibles necesidades de utilización primarias sin necesidad de obras posteriores de adecuación. Debe permitir la utilización de los aparatos eléctricos de uso común en una vivienda.
En las ITC BT 19, 20, 21, 26 y 27 se establecen las condiciones de instalación. En las ITC BT 22, 23 y 24 las medidas de protección de instalaciones y personas sin olvidar la ITC BT 25 que establece los circuitos, puntos de luz y bases de corriente a instalar.

Actividad 1

Marca con un punto donde las tomas de corriente

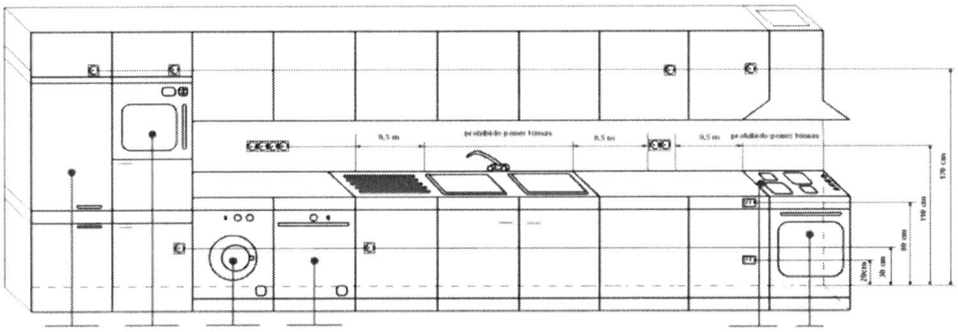

DUCHA

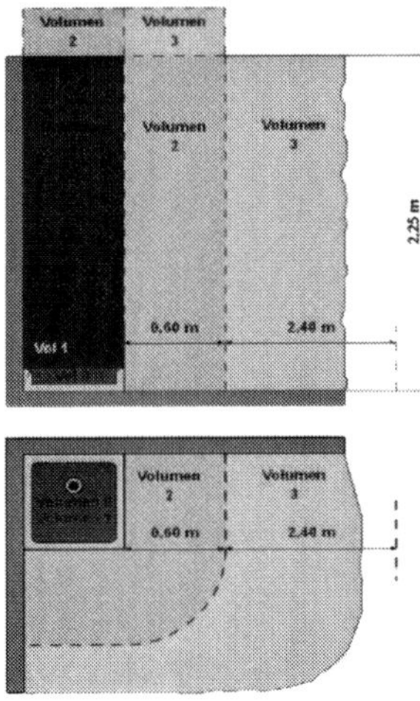

BAÑERA

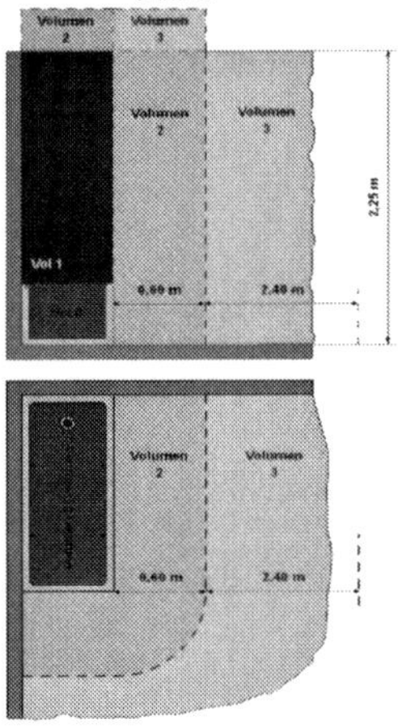

Profesor

2do:

Fecha:

Práctica número: 9 E

Objetivo

El objetivo principal es conseguir que los alumnos se familiaricen y conozcan los diferentes elementos que componen una instalación eléctrica de interior de viviendas. Deben ser capaces de calcularlas.

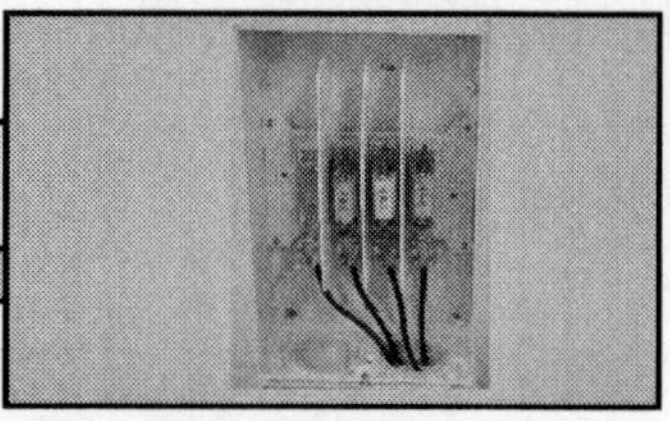

INSTALACIONES ELÉCTRICAS DE INTERIOR

Según la ITC BT 10 del REBT una electrificación básica en una vivienda será la necesaria para la cobertura de las posibles necesidades de utilización primarias sin necesidad de obras posteriores de adecuación. Debe permitir la utilización de los aparatos eléctricos de uso común en una vivienda.
En las ITC BT 19, 20, 21, 26 y 27 se establecen las condiciones de instalación. En las ITC BT 22, 23 y 24 las medidas de protección de instalaciones y personas sin olvidar la ITC BT 25 que establece los circuitos, puntos de luz y bases de corriente a instalar.

Actividad 1

PRACTICA DE INSTALACIÓN ELÉCTRICA DE UNA VIVIENDA:
En los el siguiente vídeo puede verse la práctica realizada por alumnos del Ciclo Formativo de Grado Medio de Instalaciones Eléctricas y Automáticas del IES Serra d'Espadà de Onda (Castellón) en la que han simulado el cuadro e instalación de una vivienda de electrificación básica

VIDEO: http://www.youtube.com/watch?v=j7D2ekR_Wb8&feature=watch_response_rev

A partir del esquema siguiente, realizar la maqueta que simule la planta de una vivienda de **grado de electrificación básico** con sus circuitos correspondientes:

El resultado podría ser el siguiente

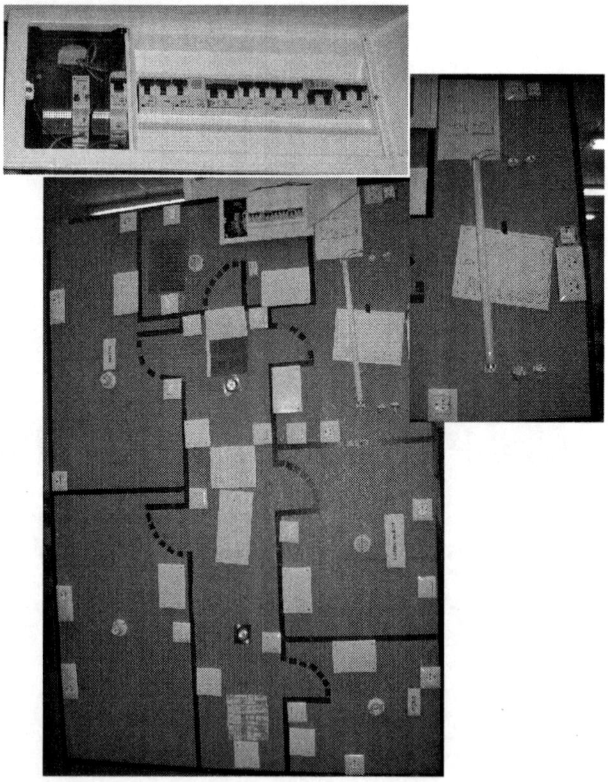

Profesor

Nº

2do:

Fecha:

10

INSTALACIONES EN LOCALES HÚMEDOS Y MOJADOS

Alumno

Práctica número: 10 A

Objetivo

El objetivo principal es conseguir que los alumnos se familiaricen con el concepto de locales húmedos y mojados y las ITCs correspondientes de estas instalaciones así como su paramenta asociada.

INSTALACIONES EN LOCALES HÚMEDOS Y MOJADOS

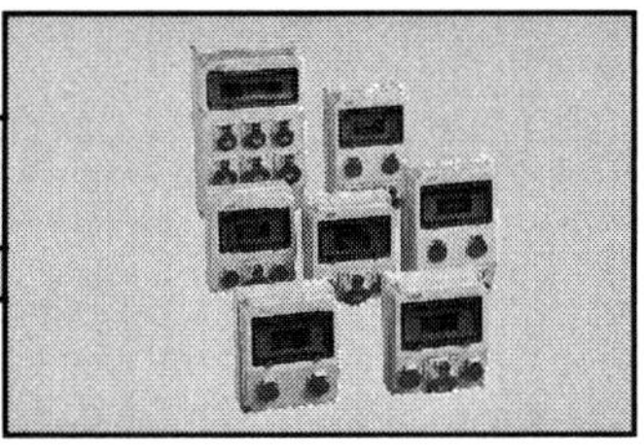

Los locales húmedos y mojados tienen un tratamiento diferente debido a la incompatibilidad existente entre la electricidad y la humedad: Para poder garantizar una correcta instalación para este tipo de locales, debemos respetar las ITCs correspondientes y conocer la paramenta adecuada.

Actividad 1

Resume la ITC- BT- 30 de instalaciones interiores de locales de características especiales, centrándote en los locales húmedos y en los locales mojados. Redacta la definición de cada uno de de ellos e indica el grado de protección IP en cada caso y algún detalle relevante.

Actividad 2

Indica con una X, cual o cuales de las siguientes ITCs del reglamento de electrotécnico de baja tensión regula expresamente las instalaciones de locales húmedos y mojados.

ITC-BT-21	*Instalaciones interiores o receptoras. Tubos y canales protectoras.*	
ITC-BT-22	*Instalaciones interiores o receptoras. Protección contra sobreintensidades.*	
ITC-BT-25	*Instalaciones interiores en viviendas. Número de circuitos y características.*	
ITC-BT-27	*Instalaciones interiores en viviendas. Locales que contienen una bañera o ducha.*	
ITC-BT-30	*Instalaciones en locales de características especiales.*	
ITC-BT-31	*Instalaciones con fines especiales. Piscinas y fuentes.*	

Tipo de práctica:

Individual	X
Pareja	
Grupo	

Nº de horas	NOTA FINAL
1	

Fdo:

Fecha:

Práctica número: 10 B

Objetivo

El objetivo principal es conseguir que los alumnos se familiaricen con el concepto de locales húmedos y mojados y las ITCs correspondientes de estas instalaciones así como su paramenta asociada.

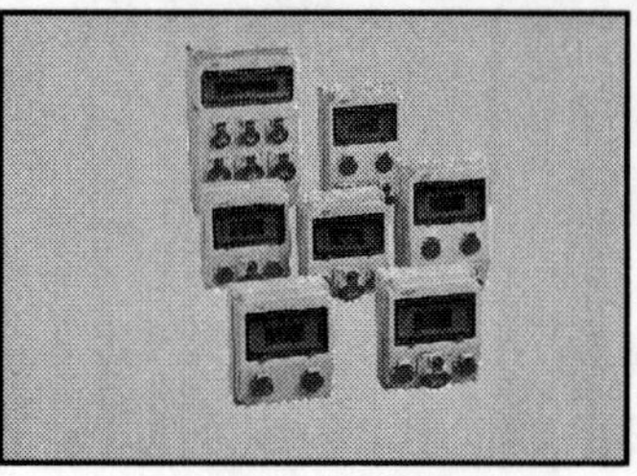

INSTALACIONES EN LOCALES HÚMEDOS Y MOJADOS

Los locales húmedos y mojados tienen un tratamiento diferente debido a la incompatibilidad existente entre la electricidad y la humedad: Para poder garantizar una correcta instalación para este tipo de locales, debemos respetar las ITCs correspondientes y conocer la paramenta adecuada.

Actividad 1

Completa el siguiente cuadro indicando el significado y la simbología de los elementos del código IP.

Primera Cifra	IP 5X			Protección contra polvo
	IP 6X		Malla con recuadro	
Segunda Cifra	IP X1			
	IP X3		Gota dentro de cuadrado	Protegido contra agua de lluvia
	IP X4			
	IP X5			
	IP X6			Posibilidad de inversión temporal
	IP X8	 m		

Actividad 2

Define con tus palabras el significado de grado de protección IP de los equipos y rellena el siguiente cuadro con indicando el significado de cada grado de protección IP.

	Primer Número Protección Contra Sólidos		Segundo Número Protección Contra Líquidos
IP 0X	Sin protección	IP X0	
IP 1X	Protegido contra objetos sólidos de más de 50 mm	IP X1	
IP 2X	Protegido contra objetos sólidos de más de 12mm	IP X2	Protegido contra rocíos directos a hasta 15° de la vertical
IP 3X	Protegido contra objetos sólidos de más de 2.5mm	IP X3	Protegido contra rocíos directos a hasta 60° de la vertical
IP 4X	Protegido contra objetos sólidos de más de 1mm	IP X4	Protegido contra rocíos directos de todas las direcciones - entrada limitada permitida
IP 5X		IP X5	
IP 6X	Totalmente protegido contra polvo	IP X6	Protegido contra fuertes chorros de agua de todas las direcciones - entrada limitada permitida
		IP X7	Protegido contra los efectos de la inmersión de 15cm - 1m
		IP X8	

Tipo de práctica:

Individual	X
Pareja	
Grupo	

Nº de horas	NOTA FINAL
1	

Fdo:

Fecha:

Práctica número: 10 C

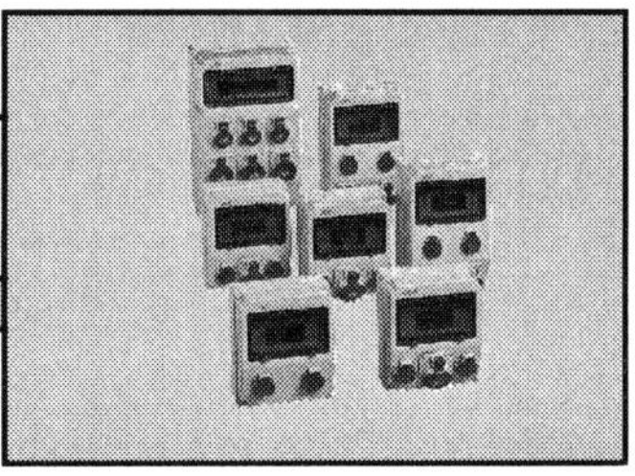

Objetivo

El objetivo principal es conseguir que los alumnos se familiaricen con el concepto de locales húmedos y mojados y las ITCs correspondientes de estas instalaciones así como su paramenta asociada.

INSTALACIONES EN LOCALES HÚMEDOS Y MOJADOS

Los locales húmedos y mojados tienen un tratamiento diferente debido a la incompatibilidad existente entre la electricidad y la humedad: Para poder garantizar una correcta instalación para este tipo de locales, debemos respetar las ITCs correspondientes y conocer la paramenta adecuada.

Explica lo que entiendes por un aparato eléctrico estanco y comenta la imagen explicando que tipo de aparato es y qué características tiene.

Actividad 2

Indica las diferencias eléctricas y de estanqueidad entre los siguientes aparatos eléctricos.

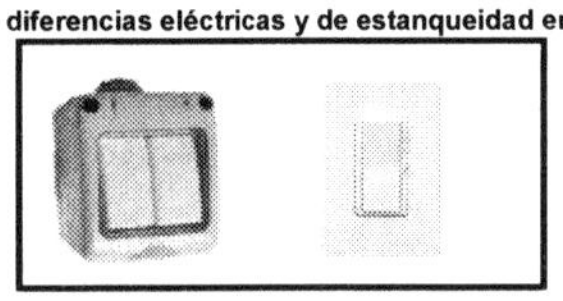

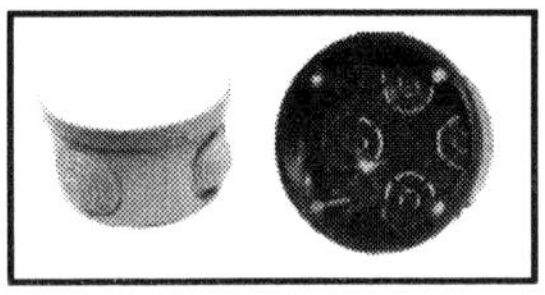

Actividad 3

Comenta entre tus compañeros la siguiente fotografía y después hazlo con el profesor

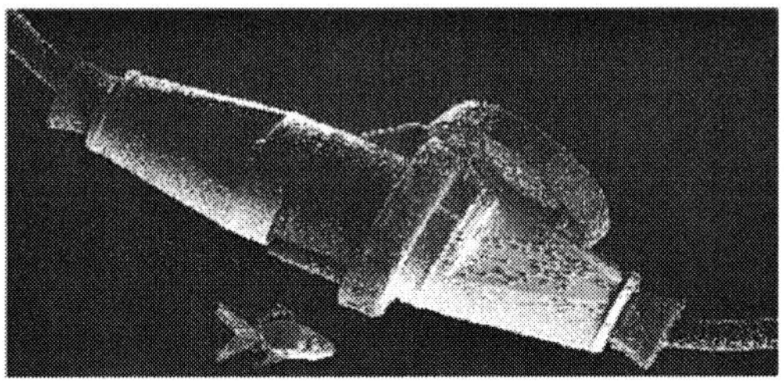

Tipo de práctica:

Individual	
Pareja	X
Grupo	

Nº de horas	NOTA FINAL
1	

Fdo:

Fecha:

Práctica número: 10 D

Objetivo

El objetivo principal es conseguir que los alumnos se familiaricen con el concepto de locales húmedos y mojados y las ITCs correspondientes de estas instalaciones así como su paramenta asociada.

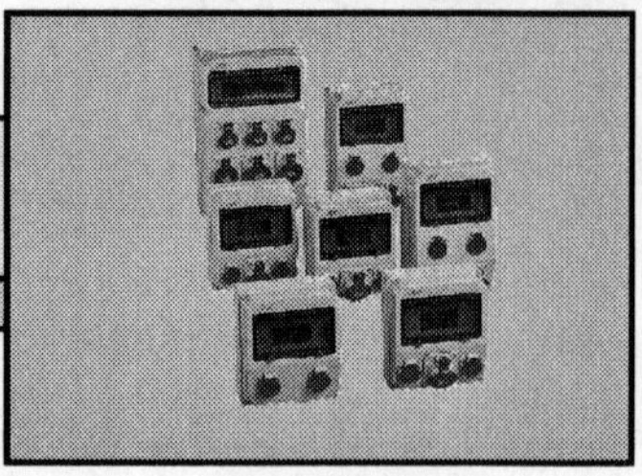

INSTALACIONES EN LOCALES HÚMEDOS Y MOJADOS

Los locales húmedos y mojados tienen un tratamiento diferente debido a la incompatibilidad existente entre la electricidad y la humedad: Para poder garantizar una correcta instalación para este tipo de locales, debemos respetar las ITCs correspondientes y conocer la paramenta adecuada.

Actividad 1

Interpreta, diseña y monta el siguiente esquema eléctrico para una instalación de locales húmedos o mojados con una protección de la aparamenta mínima de IP 64.

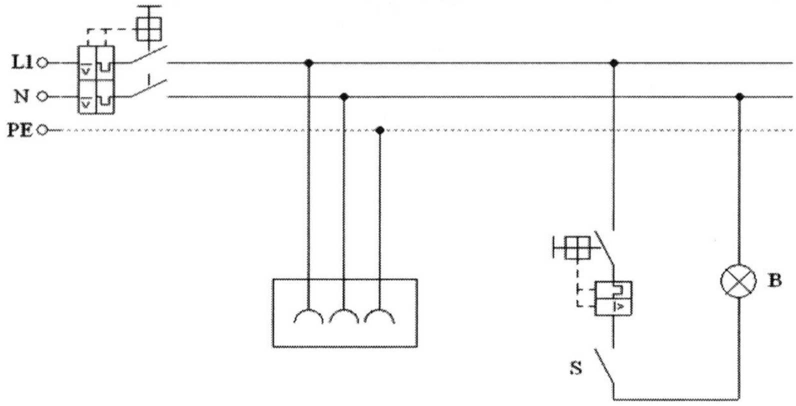

¿Qué diferencias encuentras con el montaje de un circuito más clásico?

Tipo de práctica:

Individual	
Pareja	X
Grupo	

Nº de horas	NOTA FINAL
2	

Fdo:

Fecha:

Profesor

Práctica número: 10 A

Objetivo

El objetivo principal es conseguir que los alumnos se familiaricen con el concepto de locales húmedos y mojados y las ITCs correspondientes de estas instalaciones así como su paramenta asociada.

INSTALACIONES EN LOCALES HÚMEDOS Y MOJADOS

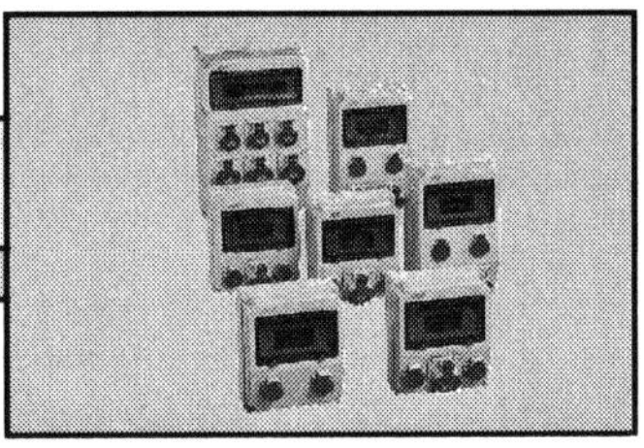

Los locales húmedos y mojados tienen un tratamiento diferente debido a la incompatibilidad existente entre la electricidad y la humedad: Para poder garantizar una correcta instalación para este tipo de locales, debemos respetar las ITCs correspondientes y conocer la paramenta adecuada.

Actividad 1

Resume la ITC- BT- 30 de instalaciones interiores de locales de características especiales, centrándote en los locales húmedos y en los locales mojados. Redacta la definición de cada uno de de ellos e indica el grado de protección IP en cada caso y algún detalle relevante.

ITC-BT-30
INSTALACIONES EN LOCALES DE CARACTERÍSTICAS ESPECIALES

INSTALACIONES EN LOCALES HÚMEDOS.

Locales o emplazamientos húmedos son aquellos cuyas condiciones ambientales se manifiestan momentánea o permanentemente bajo la forma de condensación en el techo y paredes, manchas salinas o moho aún cuando no aparezcan gotas, ni el techo o paredes estén impregnados de agua.

La canalización eléctrica, aparamenta, receptores de alumbrado y aparatos portátiles de alumbrado tendrán un grado de protección correspondiente a la caída vertical de gotas de agua, IPX1 o superior.

INSTALACIONES EN LOCALES MOJADOS.

Locales o emplazamientos mojados son aquellos en que los suelos, techos y paredes estén o puedan estar impregnados de humedad y donde se vean aparecer, aunque sólo sea temporalmente, lodo o gotas gruesas de agua debido a la condensación o bien estar cubiertos con vaho durante largos periodos.

Se considerarán como locales o emplazamientos mojados los lavaderos públicos, las fábricas de apresto, tintorerías, etc., así como las instalaciones a la intemperie.

En estos locales o emplazamientos se cumplirán, además de las condiciones para locales húmedos.

La canalización eléctrica, aparamenta, receptores de alumbrado y aparatos portátiles de alumbrado tendrán un grado de protección correspondiente a la caída vertical de gotas de agua, IPX4 o superior.

Actividad 2

Indica con una X, cual o cuales de las siguientes ITCs del reglamento de electrotécnico de baja tensión regula expresamente las instalaciones de locales húmedos y mojados.

ITC-BT-21	*Instalaciones interiores o receptoras. Tubos y canales protectoras.*	
ITC-BT-22	*Instalaciones interiores o receptoras. Protección contra sobreintensidades.*	
ITC-BT-25	*Instalaciones interiores en viviendas. Número de circuitos y características.*	
ITC-BT-27	*Instalaciones interiores en viviendas. Locales que contienen una bañera o ducha.*	
ITC-BT-30	*Instalaciones en locales de características especiales.*	X
ITC-BT-31	*Instalaciones con fines especiales. Piscinas y fuentes.*	

Profesor

Nº

Fdo:

Fecha:

Práctica número: 10 B

Objetivo

El objetivo principal es conseguir que los alumnos se familiaricen con el concepto de locales húmedos y mojados y las ITCs correspondientes de estas instalaciones así como su paramenta asociada.

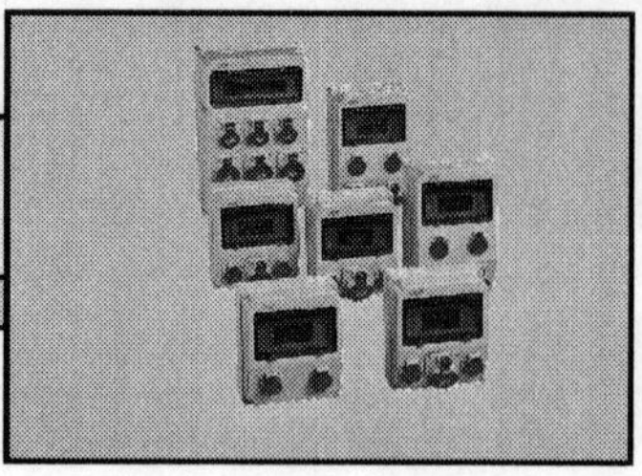

INSTALACIONES EN LOCALES HÚMEDOS Y MOJADOS

Los locales húmedos y mojados tienen un tratamiento diferente debido a la incompatibilidad existente entre la electricidad y la humedad: Para poder garantizar una correcta instalación para este tipo de locales, debemos respetar las ITCs correspondientes y conocer la paramenta adecuada.

Actividad 1

Completa el siguiente cuadro indicando el significado y la simbología de los elementos del código IP.

Primera Cifra	IP 5X		Malla sin recuadro	Protección contra polvo
	IP 6X		Malla con recuadro	Protegido contra todos los objetos extraños sólidos
Segunda Cifra	IP X1		Gota	Protege caídas verticales de gotas de agua
	IP X3		Gota dentro de cuadrado	Protegido contra agua de lluvia
	IP X4		Gota dentro de triangulo	Protegido contra proyecciones de agua
	IP X5		Dos gotas dentro de dos triángulos	Protegido contra chorros de agua
	IP X6		Dos gotas	Posibilidad de inversión temporal
	IP X8		Dos gotas seguidas de indicación de profundidad en metros	Posibilidad de inversión continua

Actividad 2

Define con tus palabras el significado de grado de protección IP de los equipos y rellena el siguiente cuadro con indicando el significado de cada grado de protección IP.

	Primer Número Protección Contra Sólidos
IP 0X	Sin protección
IP 1X	Protegido contra objetos sólidos de más de 50 mm
IP 2X	Protegido contra objetos sólidos de más de 12mm
IP 3X	Protegido contra objetos sólidos de más de 2.5mm
IP 4X	Protegido contra objetos sólidos de más de 1mm
IP 5X	Protegido contra polvo - entrada limitada permitida
IP 6X	Totalmente protegido contra polvo

	Segundo Número Protección Contra Líquidos
IP X0	Sin protección
IP X1	Protegido contra gotas de agua que caigan verticalmente
IP X2	Protegido contra rocíos directos a hasta 15° de la vertical
IP X3	IProtegido contra rocíos directos a hasta 60° de la vertical
IP X4	Protegido contra rocíos directos de todas las direcciones - entrada limitada permitida
IP X5	Protegido contra chorros de agua a baja presión de todas las direcciones - entrada limitada permitida
IP X6	Protegido contra fuertes chorros de agua de todas las direcciones - entrada limitada permitida
IP X7	Protegido contra los efectos de la inmersión de 15cm - 1m
IP X8	Protegido contra largos periodos de inmersión bajo presión

Profesor

Nº

Fdo:

Fecha:

Práctica número: 10 C

Objetivo

El objetivo principal es conseguir que los alumnos se familiaricen con el concepto de locales húmedos y mojados y las ITCs correspondientes de estas instalaciones así como su paramenta asociada.

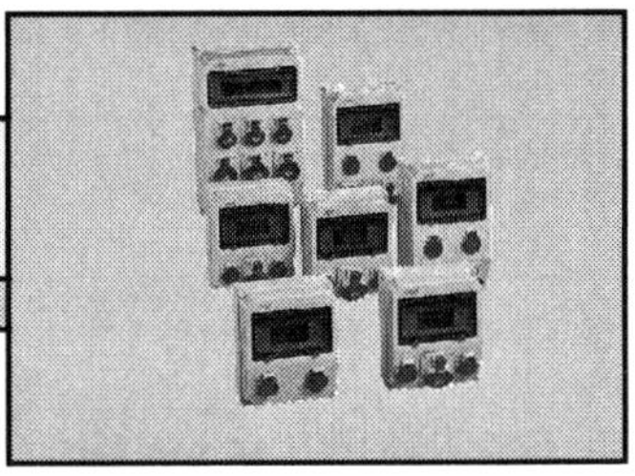

INSTALACIONES EN LOCALES HÚMEDOS Y MOJADOS

Los locales húmedos y mojados tienen un tratamiento diferente debido a la incompatibilidad existente entre la electricidad y la humedad: Para poder garantizar una correcta instalación para este tipo de locales, debemos respetar las ITCs correspondientes y conocer la paramenta adecuada.

Explica lo que entiendes por un aparato eléctrico estanco y comenta la imagen explicando que tipo de aparato es y qué características tiene.

Un aparato eléctrico estanco es aquel que se encuentra bien cerrado o sellado de forma que queda aislado de las inclemencias externas.

El aparato de la imagen se trata de un Interruptor IP54
Protegido contra polvo - entrada limitada permitida
Protegido contra rocíos directos de todas las direcciones - entrada limitada permitida

Actividad 2

Indica las diferencias eléctricas y de estanqueidad entre los siguientes aparatos eléctricos.

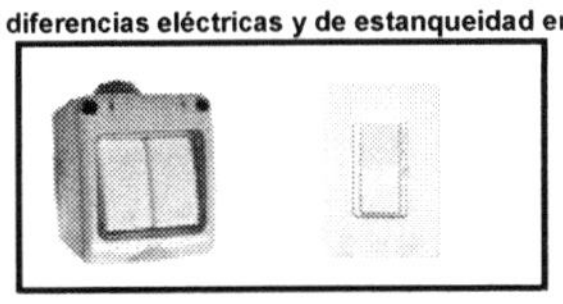

El interruptor estanco esta protegido frete a polvo y proyecciones o chorros de agua a baja presión, además puede soportar una intensidad de 16 amperios mientras que el segundo carece de protección frente a polvo y agua y no soporta más de 6 amperios.

La primera base de toma de tensión, tiene la ventaja de ser estanca, soporta una intensidad de 16 amperios y está protegida contra la penetración de polvo y proyecciones de agua. El segundo tipo de base no disfruta de ese tipo de protección pero soporta 25 amperios de intensidad.

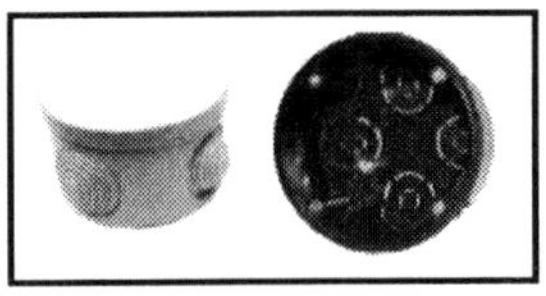

La primera caja vemos que es de tipo estanca, con lo cual favorece el aislamiento de la instalación.

Actividad 3

Comenta entre tus compañeros la siguiente fotografía y después hazlo con el profesor

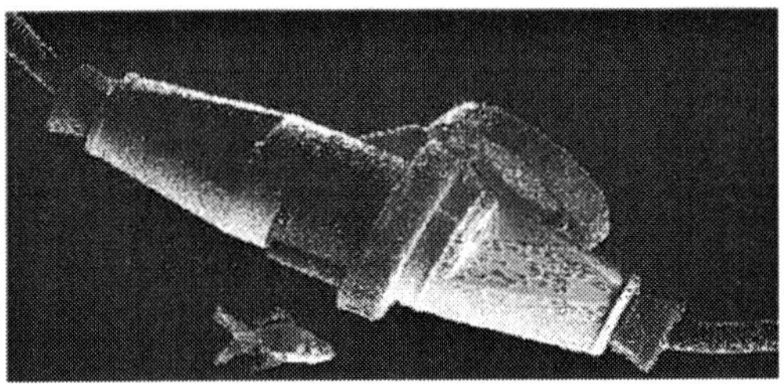

Se trata de una toma de corriente estanca a la inmersión, equipada de tapa con cierre a bayoneta.

Profesor

Nº de

Fdo:
Fecha:

Práctica número: 10 D

Objetivo

El objetivo principal es conseguir que los alumnos se familiaricen con el concepto de locales húmedos y mojados y las ITCs correspondientes de estas instalaciones así como su paramenta asociada.

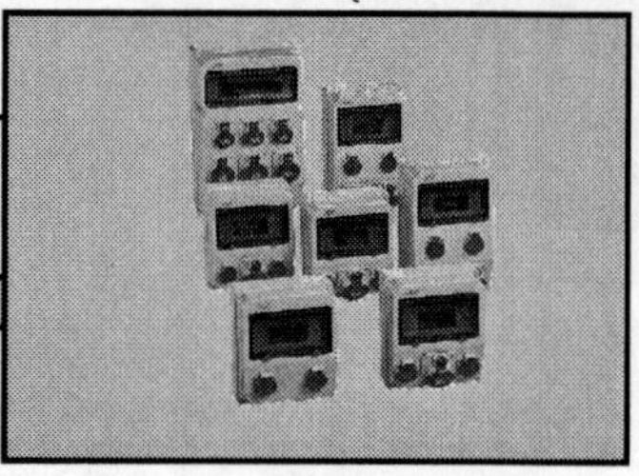

INSTALACIONES EN LOCALES HÚMEDOS Y MOJADOS

Los locales húmedos y mojados tienen un tratamiento diferente debido a la incompatibilidad existente entre la electricidad y la humedad: Para poder garantizar una correcta instalación para este tipo de locales, debemos respetar las ITCs correspondientes y conocer la paramenta adecuada.

Actividad 1

Interpreta, diseña y monta el siguiente esquema eléctrico para una instalación de locales húmedos o mojados con una protección de la aparamenta mínima de IP 64.

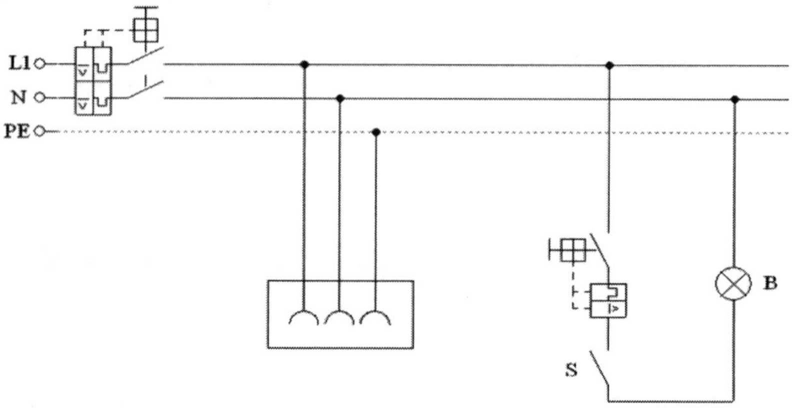

¿Qué diferencias encuentras con el montaje de un circuito más clásico?

Profesor

Nº de ...

2

Fdo:

Fecha:

11

MEDIDAS DE MAGNITUDES ELÉCTRICAS PARA TRAMITAR EL PERMISO

Alumno

Práctica número: 11 A

Objetivo

El objetivo principal es conseguir que los alumnos se que documentos son necesarios presentar y como se deben cumplimentar para poder tramitar el permiso de una instalación. Además deben conocer el manejo de aparatos como el telurómetro, el analizador de redes, megohmetro .....

MEDIDAS DE MAGNITUDES ELÉCTRICAS PARA TRAMITAR EL PERMISO

La documentación necesaria para poner en servicio una instalación debe ser manejada y conocida por parte del instalador eléctrico. De este modo deberá conocer también los aparatos de medida asociados para poder cumplimentar los campos pedidos en estos documentos y que son necesarios conocer tanto para las verificaciones como para las inspecciones posteriores

Actividad 1

ANALIZADOR DE REDES

Características FLUKE 434:

El servicio Monitoreo de Variables Eléctricas define las características de un Sistema Eléctrico de Potencia desde el punto de vista del comportamiento de las variables más importantes del sistema en condiciones de operación normal y/o transitoria. Las Tendencias registran el comportamiento de las Variables Eléctricas más importantes a través de tiempo (Ciclos de carga, pérdidas de energía, arranque de motores, perturbaciones de tensión, etc).

Por otro lado, las Magnitudes definen en estado estacionario medidas y factores de rendimiento relacionados a la Calidad

El servicio esta enfocado a responder ante la necesidad de detectar perturbaciones eléctricas en la red AC y dimensionar las características eléctricas de las variables de un sistema de potencia.

Tendencias - Monitoreo de Variables Eléctricas:

Las captura de tendencias de Tensión, Corriente, Frecuencia, Armónicos etc, genera una representación gráfica de alta definición con la descripción detallada del comportamiento de una Variable Eléctrica de interés en un periodo de tiempo definido de hasta 168 horas continuas de registro. A través de esta herramienta es posible visualizar y analizar detenidamente para una barra determinada, los regímenes de carga, oscilaciones de frecuencia, variaciones de tensión de alimentación y otros efectos que sean interés en el comportamiento de un sistema eléctrico para un punto definido, haciendo posible, por ejemplo, la redistribución de cargas en horarios de alto consumo, identificación de cargas generadoras de perturbaciones, determinación de hora y fecha de los eventos, prevención de fallas, etc.

Magnitudes – Medición de Variables Eléctricas:

El servicio incluye la medición, registro, tendencia, tabulación y representación gráfica de magnitudes eléctricas y factores de interés. Entre ellas se encuentran las siguientes mediciones:

Medición de Tensiones trifásicas

- Valores eficaces y máximos por fase y línea (R, S, T y N)
- Formas de Onda Screenshoots de alta definición
- Diagramas Fasoriales
- Magnitud, Fase, Factor de cresta y Frecuencia
- Valores porcentuales de Desequilibrio

Medición de corrientes trifásicas

- Valores eficaces y máximos de línea (R, S, T y N)
- Formas de Onda Screenshoots de alta definición
- Diagramas Fasoriales
- Magnitud, Fase, Factor de cresta y Frecuencia

Medición de Armónicos de corriente

- Magnitud y Fase hasta la armónica de orden 50
- Distorsión Armónica Total- Componente DC
- Presentación en gráficos de barras independientes para Armónicas de Corriente de Fase y Neutro (R, S, T y N)
- Inclusión de las magnitudes de Interarmónicas en Corriente hasta la componente de orden 50
- Inclusión de valor calculado Factor K
- Magnitud y Fase hasta la armónica de orden 50

Medición de Armónicos de tensión

- Magnitud y Fase hasta la armónica de orden 50
- Distorsión Armónica Total
- Componente DC
- Presentación en gráficos de barras independientes para Armónicas de Tensión de línea y Neutro (R, S, T y N)
- Inclusión de las magnitudes de Interarmónicas en Tensión hasta la componente de orden 50

Mediciones de Potencia/Energía

- Magnitud y Fase hasta la armónica de orden 50 para potencia activa
- Medición de potencia Activa, Reactiva, Aparente, Factor de potencia, Factor de potencia de desplazamiento y Cos(φ).
- Medición Energética, Consumo de potencia Activa kWh, Potencia Reactiva kVArh y Potencia Aparente kVAh

Describe en la tabla el número que corresponde a cada parte del analizador

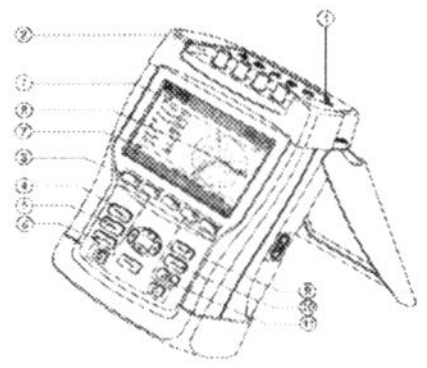

Realiza un esquema a mano alzada de la conexión del analizador a una red trifásica

Tipo de práctica:		Nº de horas	NOTA FINAL	Fdo:
Individual		3		
Pareja				
Grupo	X			Fecha:

Práctica número: 11 B

Objetivo

El objetivo principal es conseguir que los alumnos se que documentos son necesarios presentar y como se deben cumplimentar para poder tramitar el permiso de una instalación. Además deben conocer el manejo de aparatos como el telurómetro, el analizador de redes, megohmetro .....

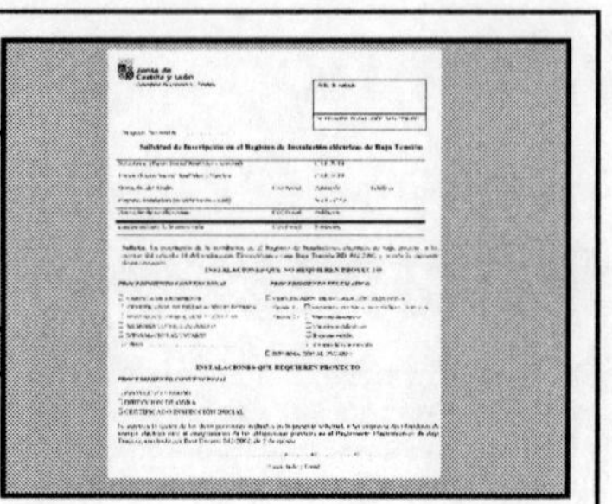

MEDIDAS DE MAGNITUDES ELÉCTRICAS PARA TRAMITAR EL PERMISO

La documentación necesaria para poner en servicio una instalación debe ser manejada y conocida por parte del instalador eléctrico. De este modo deberá conocer también los aparatos de medida asociados para poder cumplimentar los campos pedidos en estos documentos y que son necesarios conocer tanto para las verificaciones como para las inspecciones posteriores

Actividad 1

MEGÓMETRO

Uso del Megóhmetro para realizar comprobaciones de resistencia de aislamiento en los devanados de una máquina eléctrica, comprobaremos el asilamiento entre cada uno y masa como se muestra en la figura, este método permite detectar fallos graves, incipientes, o comprobar el buen estado de los equipos

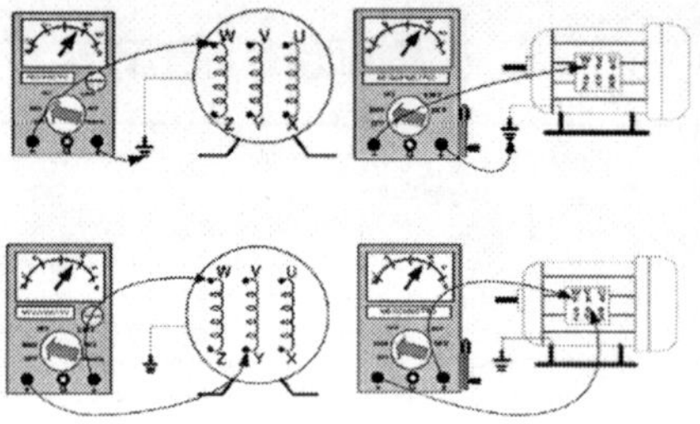

Completa la siguiente tabla:

Medida a realizar	Valor medido
Resistencia de los tres devanados del motor trifasico(medida con el ohmetro)	
Resistencia de aislamiento entre los tres devanados y tierra (masa o carcasa del motor trifasico)	
Resistencia de aislamiento entre los tres devanados del motor trifasico	

Coloca las puntas del Megóhmetro sobre un papel, separadas 10mm ¿observas la diferencia de media entre un papel seco y otro húmedo?

Qué influencia puede tener la presencia de agua en las cajas de bornes sobre el aislamiento

Consigue agua destilada e introduce las puntas del Megóhmetro dentro. ¿Qué valor indica? ¿Es muy alto? ¿a qué crees que es debido?

Tipo de práctica:	
Individual	
Pareja	
Grupo	X

Nº de horas	NOTA FINAL
4	

Fdo:

Fecha:

Práctica número: 11 C

Objetivo

El objetivo principal es conseguir que los alumnos se que documentos son necesarios presentar y como se deben cumplimentar para poder tramitar el permiso de una instalación. Además deben conocer el manejo de aparatos como el telurómetro, el analizador de redes, megohmetro .....

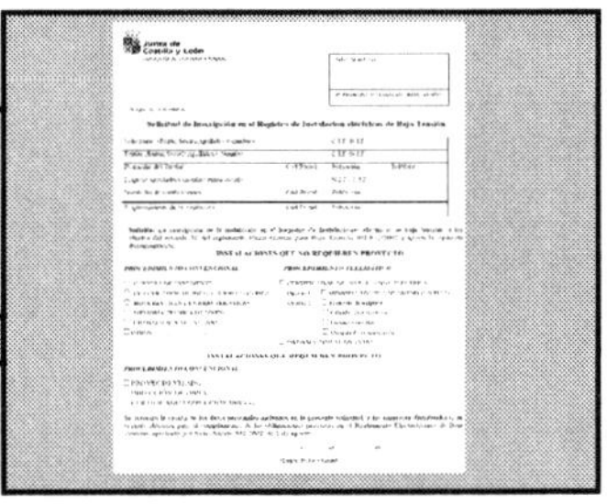

MEDIDAS DE MAGNITUDES ELÉCTRICAS PARA TRAMITAR EL PERMISO

La documentación necesaria para poner en servicio una instalación debe ser manejada y conocida por parte del instalador eléctrico. De este modo deberá conocer también los aparatos de medida asociados para poder cumplimentar los campos pedidos en estos documentos y que son necesarios conocer tanto para las verificaciones como para las inspecciones posteriores

Actividad 1

MACROTEST

De cada una de las medidas y comprobaciones que vas a realizar con el equipo de medida MACROTEST HT 5030 has de realizar una presentación según los siguientes puntos:

1.- MEDIDA A REALIZAR.
2.- PARÁMETRO O MAGNITUD QUE SE VA A MEDIR Y UNIDAD.
3.- DESCRIPCIÓN DEL PROCEDIMIENTO PARA REALIZAR LA MEDIDA.
4.- PRESENTACIÓN DEL RESULTADO DE LA MEDIDA.
5.- ¿CUMPLE LA MEDIDA LA NORMA O LOS VALORES ÓPTIMOS?
6.- OBSERVACIONES.

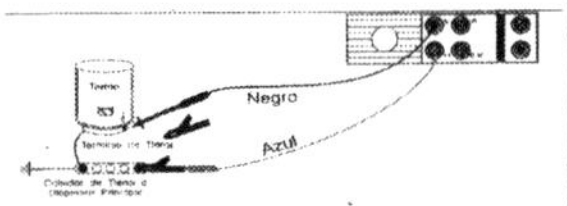

1. PRUEBA DE CONTINUIDAD DE LOS CONDUCTORES DE PROTECCIÓN.

- Esta medida se realiza en ausencia de tensión.
- Esta medida se realiza para comprobar la adecuada continuidad del conductor de protección en una instalación.
- Antes de realizar la medida hay que proceder a la compensación de los cables y terminales del equipo de medida a fin de que no altere el resultado real. Ver pto. 7.1.2. (pág. 18) del manual del instrumento.
- Para realizar la medida procede según el pto. 7.1.1. (pág. 14) y coloca los terminales entre el bornero de los conductores de protección del cuadro de la vivienda y el extremo del conductor de protección de cada uno de los circuitos de forma análoga a la siguiente figura.
- El resultado obtenido es el valor de la resistencia del conductor en examen y aunque la normativa no especifica el valor máximo admitido para la resistencia del conductor de protección, solo se consideran valores óptimos los inferiores a 1 Ω. Lo que si exige la normativa es que la corriente de prueba supere los 200 mA para que la medida sea válida y por tanto debes reflejar la corriente de prueba del instrumento en la presentación de los resultados.

2. MEDIDA DE LA RESISTENCIA DE AISLAMIENTO CON TENSIÓN DE PRUEBA DE 500V

Esta medida se realiza en ausencia de tensión.

Con esta prueba se medirá el aislamiento entre los siguientes conductores:

§ Fase y conductor de protección.
§ Neutro y conductor de protección.
§ Fase y neutro.

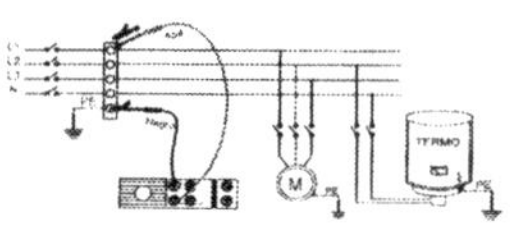

Para realizar la medida procede según el pto. 7.2.1 (pág. 19) y coloca los terminales entre los conductores que vas a medir de forma análoga a la siguiente figura.

Ejemplo de la verificación de aislamiento, en este caso, entre una fase y el conductor de protección.

El resultado obtenido es el aislamiento entre los conductores a examen. El valor mínimo para una vivienda es de 0,5 MΩ. y el instrumento debe suministrar una tensión de prueba mínima de 500 V y por tanto estos dos parámetros son los que hay que observar en los resultados.

Si en la pantalla del instrumento se visualiza las letras "or" significa que la medida obtenida está fuera de la escala del aparato y por tanto la resistencia de aislamiento de los conductores a examen es superior al máximo valor medible por el instrumento que es de 1 GΩ.

3. RCD. PRUEBAS SOBRE INTERRUPTORES DIFERENCIALES

Comprobacion automatica de las caracteristicas del diferencial

Con esta prueba comprobaremos los tiempos de disparo del diferencial de la vivienda (tipo AC) a distintos múltiplos de la corriente nominal de disparo (sensibilidad del diferencial). El instrumento realizará tres medidas con la fase a 0º y tres con la fase a 180º. La tensión de contacto de seguridad que hay que seleccionar es la de las instalaciones genéricas (50 V).

Para realizar la medida procede según el pto. 7.3.1 (pág. 22) y coloca los terminales entre los conductores que vas conductores que vas a medir de forma análoga a la siguiente figura

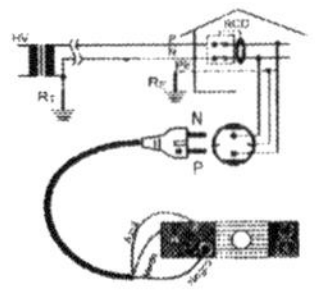

Tipo de práctica:

Individual	
Pareja	
Grupo	X

Nº de horas	NOTA FINAL
4	

Fdo:

Fecha:

Profesor

Práctica número: 11 A

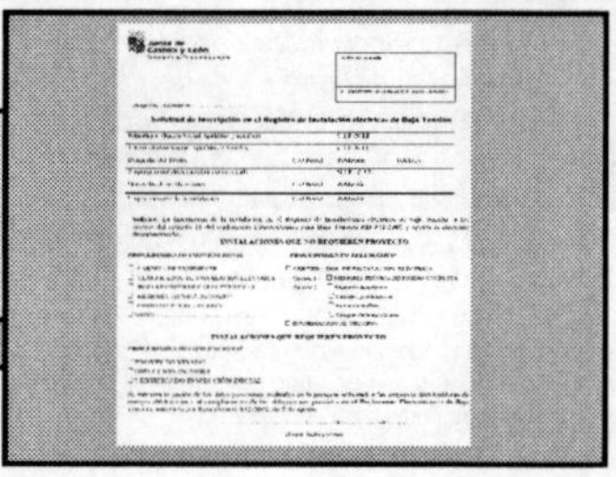

Objetivo

El objetivo principal es conseguir que los alumnos se que documentos son necesarios presentar y como se deben cumplimentar para poder tramitar el permiso de una instalación. Además deben conocer el manejo de aparatos como el telurómetro, el analizador de redes, megohmetro .....

MEDIDAS DE MAGNITUDES ELÉCTRICAS PARA TRAMITAR EL PERMISO

La documentación necesaria para poner en servicio una instalación debe ser manejada y conocida por parte del instalador eléctrico. De este modo deberá conocer también los aparatos de medida asociados para poder cumplimentar los campos pedidos en estos documentos y que son necesarios conocer tanto para las verificaciones como para las inspecciones posteriores

Actividad 1

ANALIZADOR DE REDES

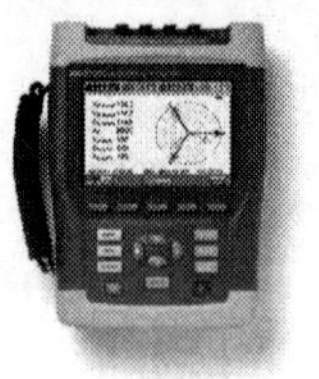

Características FLUKE 434:

El servicio Monitoreo de Variables Eléctricas define las características de un Sistema Eléctrico de Potencia desde el punto de vista del comportamiento de las variables más importantes del sistema en condiciones de operación normal y/o transitoria. Las Tendencias registran el comportamiento de las Variables Eléctricas más importantes a través de tiempo (Ciclos de carga, pérdidas de energía, arranque de motores, perturbaciones de tensión, etc). Por otro lado, las Magnitudes definen en estado estacionario medidas y factores de rendimiento relacionados a la Calidad El servicio esta enfocado a responder ante la necesidad de detectar perturbaciones eléctricas en la red AC y dimensionar las características eléctricas de las variables de un sistema de potencia.

Tendencias - Monitoreo de Variables Eléctricas:

Las captura de tendencias de Tensión, Corriente, Frecuencia, Armónicos etc, genera una representación gráfica de alta definición con la descripción detallada del comportamiento de una Variable Eléctrica de interés en un período de tiempo definido de hasta 168 horas continuas de registro. A través de esta herramienta es posible visualizar y analizar detenidamente para una barra determinada, los regímenes de carga, oscilaciones de frecuencia, variaciones de tensión de alimentación y otros efectos que sean interés en el comportamiento de un sistema eléctrico para un punto definido, haciendo posible, por ejemplo, la redistribución de cargas en horarios de alto consumo, identificación de cargas generadoras de perturbaciones, determinación de hora y fecha de los eventos, prevención de fallas, etc.

Magnitudes – Medición de Variables Eléctricas:

El servicio incluye la medición, registro, tendencia, tabulación y representación gráfica de magnitudes eléctricas y factores de interés. Entre ellas se encuentran las siguientes mediciones:

Medición de Tensiones trifásicas

- Valores eficaces y máximos por fase y línea (R, S, T y N)
- Formas de Onda Screenshoots de alta definición
- Diagramas Fasoriales
- Magnitud, Fase, Factor de cresta y Frecuencia
- Valores porcentuales de Desequilibrio

Medición de corrientes trifásicas

- Valores eficaces y máximos de línea (R, S, T y N)
- Formas de Onda Screenshoots de alta definición
- Diagramas Fasoriales
- Magnitud, Fase, Factor de cresta y Frecuencia

Medición de Armónicos de corriente

- Magnitud y Fase hasta la armónica de orden 50
- Distorsión Armónica Total- Componente DC
- Presentación en gráficos de barras independientes para Armónicas de Corriente de Fase y Neutro (R, S, T y N)
- Inclusión de las magnitudes de Interarmónicas en Corriente hasta la componente de orden 50
- Inclusión de valor calculado Factor K
- Magnitud y Fase hasta la armónica de orden 50

Medición de Armónicos de tensión

- Magnitud y Fase hasta la armónica de orden 50
- Distorsión Armónica Total
- Componente DC
- Presentación en gráficos de barras independientes para Armónicas de Tensión de línea y Neutro (R, S, T y N)
- Inclusión de las magnitudes de Interarmónicas en Tensión hasta la componente de orden 50

Mediciones de Potencia/Energía

- Magnitud y Fase hasta la armónica de orden 50 para potencia activa
- Medición de potencia Activa, Reactiva, Aparente, Factor de potencia, Factor de potencia de desplazamiento y Cos(φ).
- Medición Energética, Consumo de potencia Activa kWh, Potencia Reactiva kVArh y Potencia Aparente kVAh

Describe en la tabla el número que corresponde a cada parte del analizador

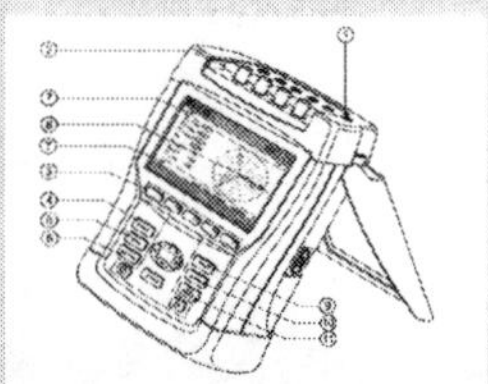

Nº	Descripción
1	Carga de las baterías y preparación para el uso
2	Conexiones de entrada
3	Funciones auxiliares
4	Modo osciloscopio
5	Menú de medidas
6	Supervisor de la calidad eléctrica
7	Símbolos en pantalla
8	Pantallas y teclas de función
9	Configuración del analizador (Tecla Setup)
10	Utilización de la memoria (tecla MEMORY)
11	Almacenamiento de pantallas (Save Screen)

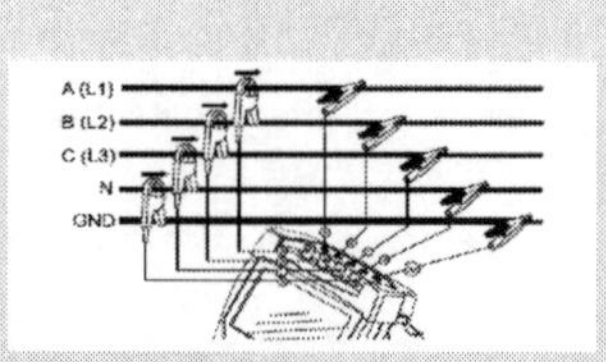

Realiza un esquema a mano alzada de la conexión del analizador a una red trifásica

Profesor

Nº de

5

Fdo:

Fecha:

Práctica número: 11 B

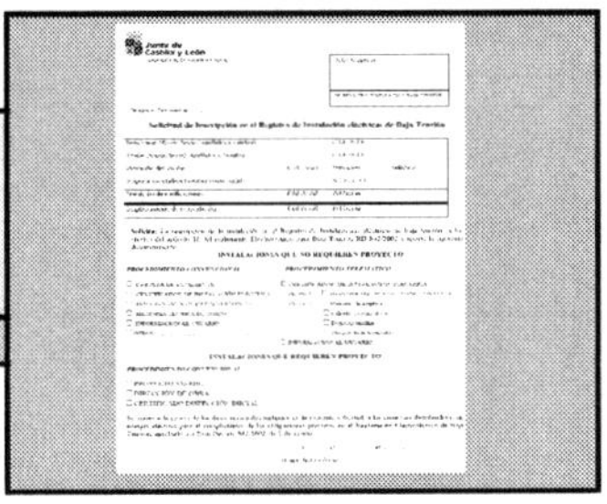

Objetivo

El objetivo principal es conseguir que los alumnos se que documentos son necesarios presentar y como se deben cumplimentar para poder tramitar el permiso de una instalación. Además deben conocer el manejo de aparatos como el telurómetro, el analizador de redes, megohmetro .....

MEDIDAS DE MAGNITUDES ELÉCTRICAS PARA TRAMITAR EL PERMISO

La documentación necesaria para poner en servicio una instalación debe ser manejada y conocida por parte del instalador eléctrico. De este modo deberá conocer también los aparatos de medida asociados para poder cumplimentar los campos pedidos en estos documentos y que son necesarios conocer tanto para las verificaciones como para las inspecciones posteriores

Actividad 1

MEGÓMETRO

Uso del Megóhmetro para realizar comprobaciones de resistencia de aislamiento en los devanados de una máquina eléctrica, comprobaremos el asilamiento entre cada uno y masa como se muestra en la figura, este método permite detectar fallos graves, incipientes, o comprobar el buen estado de los equipos

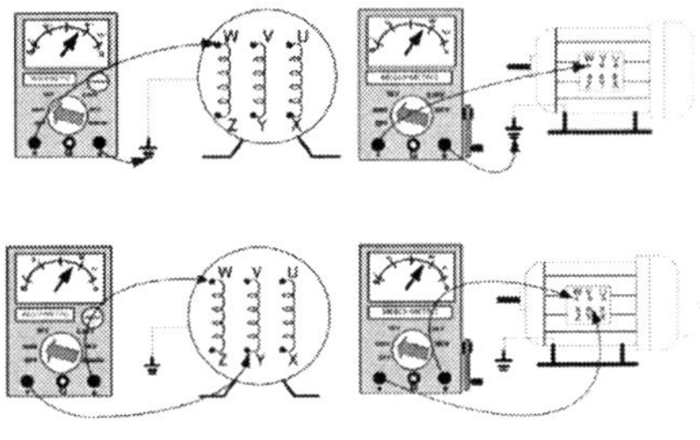

Completa la siguiente tabla:

Medida a realizar	Valor medido
Resistencia de los tres devanados del motor trifasico(medida con el ohmetro)	
Resistencia de aislamiento entre los tres devanados y tierra (masa o carcasa del motor trifasico)	
Resistencia de aislamiento entre los tres devanados del motor trifásico	

Coloca las puntas del Megóhmetro sobre un papel, separadas 10mm ¿observas la diferencia de media entre un papel seco y otro húmedo?

Si, apuntar las medidas diferentes resultantes

Qué influencia puede tener la presencia de agua en las cajas de bornes sobre el aislamiento

Depende de su protección. Si esta tiene un IP de 55, cierre contra polvo y protección contra chorro de agua la influencia será ninguna

Consigue agua destilada e introduce las puntas del Megóhmetro dentro. ¿Qué valor indica? ¿Es muy alto? ¿a qué crees que es debido?

El valor que indica es muy alto debido a que el agua destilada no conduce la electricidad debido a la ausencia de sales disueltas.

Profesor

Nº de ...

4

Fdo:

Fecha:

Práctica número: 11 C

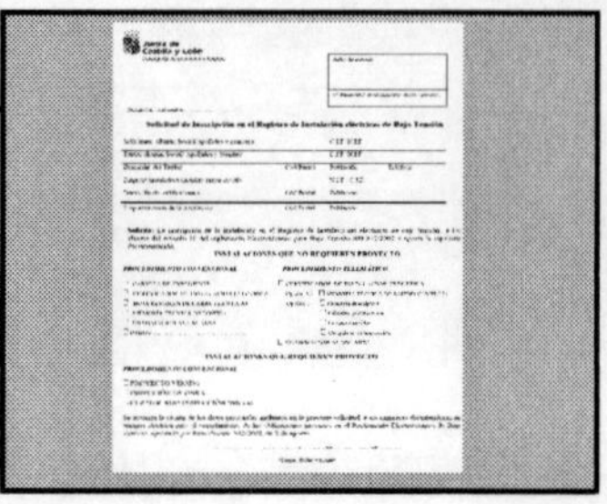

Objetivo

El objetivo principal es conseguir que los alumnos se que documentos son necesarios presentar y como se deben cumplimentar para poder tramitar el permiso de una instalación. Además deben conocer el manejo de aparatos como el telurómetro, el analizador de redes, megohmetro .....

MEDIDAS DE MAGNITUDES ELÉCTRICAS PARA TRAMITAR EL PERMISO

La documentación necesaria para poner en servicio una instalación debe ser manejada y conocida por parte del instalador eléctrico. De este modo deberá conocer también los aparatos de medida asociados para poder cumplimentar los campos pedidos en estos documentos y que son necesarios conocer tanto para las verificaciones como para las inspecciones posteriores

Actividad 1

MACROTEST

De cada una de las medidas y comprobaciones que vas a realizar con el equipo de medida MACROTEST HT 5030 has de realizar una presentación según los siguientes puntos:

1.- MEDIDA A REALIZAR.
2.- PARÁMETRO O MAGNITUD QUE SE VA A MEDIR Y UNIDAD.
3.- DESCRIPCIÓN DEL PROCEDIMIENTO PARA REALIZAR LA MEDIDA.
4.- PRESENTACIÓN DEL RESULTADO DE LA MEDIDA.
5.- ¿CUMPLE LA MEDIDA LA NORMA O LOS VALORES ÓPTIMOS?
6.- OBSERVACIONES.

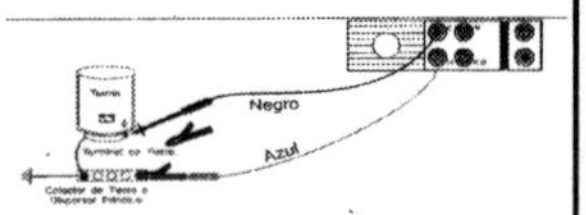

1. PRUEBA DE CONTINUIDAD DE LOS CONDUCTORES DE PROTECCIÓN.

- Esta medida se realiza en ausencia de tensión.
- Esta medida se realiza para comprobar la adecuada continuidad del conductor de protección en una instalación.
- Antes de realizar la medida hay que proceder a la compensación de los cables y terminales del equipo de medida a fin de que no altere el resultado real. Ver pto. 7.1.2. (pág. 18) del manual del instrumento.
- Para realizar la medida procede según el pto. 7.1.1. (pág. 14) y coloca los terminales entre el bornero de los conductores de protección del cuadro de la vivienda y el extremo del conductor de protección de cada uno de los circuitos de forma análoga a la siguiente figura.
- El resultado obtenido es el valor de la resistencia del conductor en examen y aunque la normativa no especifica el valor máximo admitido para la resistencia del conductor de protección, solo se consideran valores óptimos los inferiores a 1 Ω. Lo que sí exige la normativa es que la corriente de prueba supere los 200 mA para que la medida sea válida y por tanto debes reflejar la corriente de prueba del instrumento en la presentación de los resultados.

2. MEDIDA DE LA RESISTENCIA DE AISLAMIENTO CON TENSIÓN DE PRUEBA DE 500V

Esta medida se realiza en ausencia de tensión.

Con esta prueba se medirá el aislamiento entre los siguientes conductores:

§ Fase y conductor de protección.
§ Neutro y conductor de protección.
§ Fase y neutro.

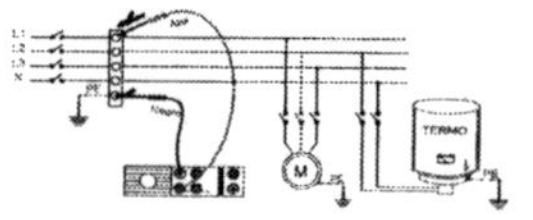

Para realizar la medida procede según el pto. 7.2.1 (pág. 19) y coloca los terminales entre los conductores que vas a medir de forma análoga a la siguiente figura.

Ejemplo de la verificación de aislamiento, en este caso, entre una fase y el conductor de protección.

El resultado obtenido es el aislamiento entre los conductores a examen. El valor mínimo para una vivienda es de 0,5 MΩ. y el instrumento debe suministrar una tensión de prueba mínima de 500 V y por tanto estos dos parámetros son los que hay que observar en los resultados.

Si en la pantalla del instrumento se visualiza las letras "or" significa que la medida obtenida está fuera de la escala del aparato y por tanto la resistencia de aislamiento de los conductores a examen es superior al máximo valor medible por el instrumento que es de 1 GΩ.

3 RCD. PRUEBAS SOBRE INTERRUPTORES DIFERENCIALES

Comprobacion automatica de las caracteristicas del diferencial

Con esta prueba comprobaremos los tiempos de disparo del diferencial de la vivienda (tipo AC) a distintos múltiplos de la corriente nominal de disparo (sensibilidad del diferencial). El instrumento realizará tres medidas con la fase a 0º y tres con la fase a 180º. La tensión de contacto de seguridad que hay que seleccionar es la de las instalaciones genéricas (50 V).

Para realizar la medida procede según el pto. 7.3.1 (pág. 22) y coloca los terminales entre los conductores que vas conductores que vas a medir de forma análoga a la siguiente figura

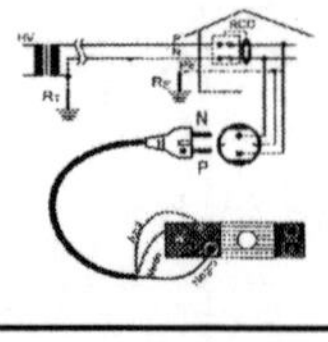

Profesor

Nº de ...

Fdo:

Fecha:

12

TIPOS DE SUMINISTROS ELÉCTRICOS EN BT

Alumno

Práctica número: 12 A

Objetivo

El objetivo principal es conseguir que los alumnos se conozcan tanto el esquema general de distribución eléctrica, como los diferentes tipos de suministros que nos podemos encontrar en BT

TIPOS DE SUMINISTROS ELÉCTRICOS EN BT

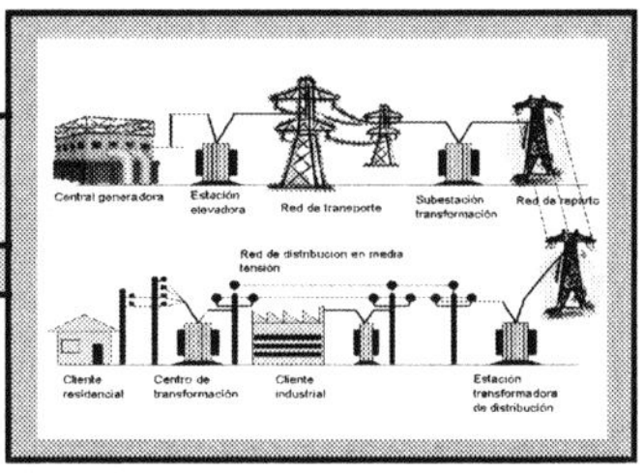

La distribución eléctrica desde su generación hasta su utilización por el propio usuario, sufre una serie de procesos que forman parte del sistema de distribución. Una vez que disponemos de la energía eléctrica para poder suministrársela al abonado, debemos conocer cual será el tipo de suministro más adecuado dependiendo de las posibilidades existentes y las necesidades.

Actividad 1

Resume el video "símil entre la bicicleta tanden" y el sistema de distribución de la energía:

Actividad 2

Comenta la función de cada una de las partes del sistema de distribución:

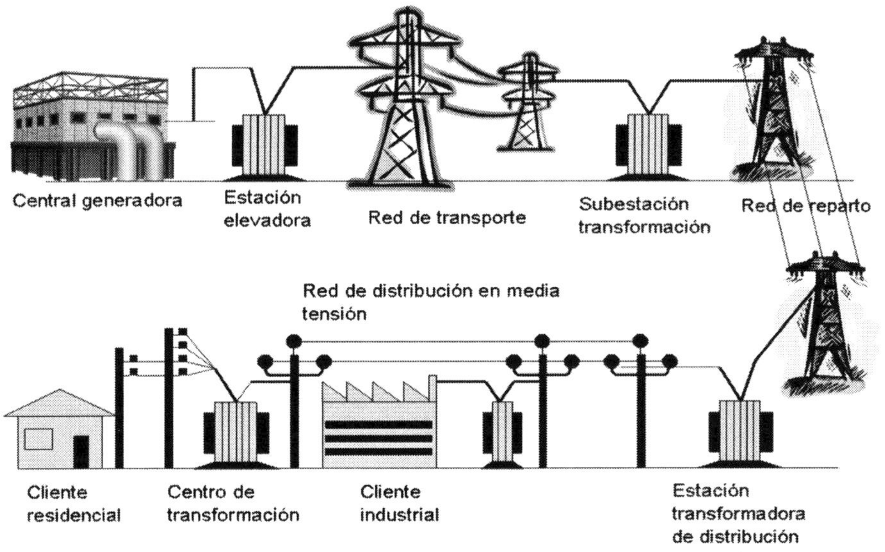

Tipo de práctica:

Individual	X
Pareja	
Grupo	

Nº de horas	NOTA FINAL
1	

Fdo:

Fecha:

Práctica número: 12 B

Objetivo

El objetivo principal es conseguir que los alumnos se conozcan tanto el esquema general de distribución eléctrica, como los diferentes tipos de suministros que nos podemos encontrar en BT

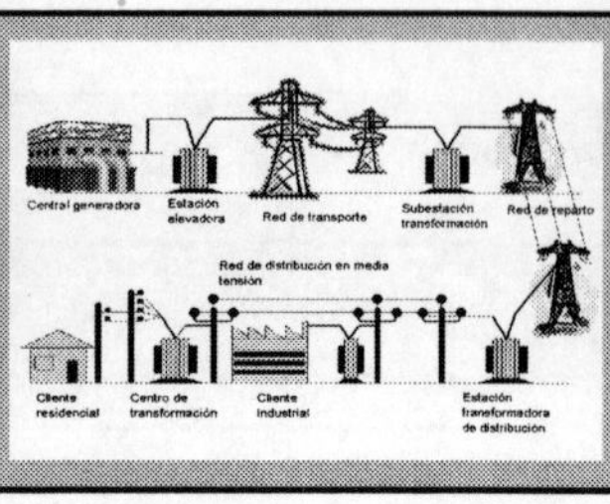

TIPOS DE SUMINISTROS ELÉCTRICOS EN BT

La distribución eléctrica desde su generación hasta su utilización por el propio usuario, sufre una serie de procesos que forman parte del sistema de distribución. Una vez que disponemos de la energía eléctrica para poder suministrársela al abonado, debemos conocer cual será el tipo de suministro más adecuado dependiendo de las posibilidades existentes y las necesidades.

Actividad 1

Realiza un esquema que presente los diferentes tipos de suministros que la ITC BT 10 nos presenta

Actividad 2

Completa la tabla

Potencia	Tipo de suministro	Valor total de la potencia
7500 w	Actividad con necesidad de suministro de SOCORRO	
9500 w	Actividad con necesidad de suministro de RESERVA	
10000 w	Actividad con necesidad de suministro DUPLICADO	

Actividad 3

Da 2 ejemplos de cada uno de los diferentes tipos de suministros

Suministros	Ejemplos
SOCORRO	
RESERVA	
DUPLICADO	

Tipo de práctica:

Individual	X
Pareja	
Grupo	

Nº de horas	NOTA FINAL
1	

Fdo:

Fecha:

Práctica número: 12 C

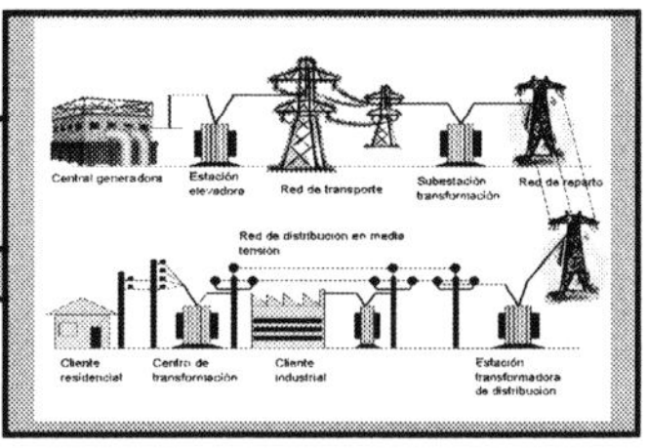

Objetivo

El objetivo principal es conseguir que los alumnos se conozcan tanto el esquema general de distribución eléctrica, como los diferentes tipos de suministros que nos podemos encontrar en BT

TIPOS DE SUMINISTROS ELECTRICOS EN BT

La distribución eléctrica desde su generación hasta su utilización por el propio usuario, sufre una serie de procesos que forman parte del sistema de distribución. Una vez que disponemos de la energía eléctrica para poder suministrársela al abonado, debemos conocer cual será el tipo de suministro más adecuado dependiendo de las posibilidades existentes y las necesidades.

Actividad 1

Responde a estas preguntas

Preguntas	Respuestas
¿Qué entiendes por masa?	
¿Qué entiendes por tierra?	

Actividad 2

Dibuja los tres diferentes esquemas que se han explicado de la con exio TN indicando sus partes

TN-S

TN-C

TN-C-S

Tipo de práctica:

Individual	X
Pareja	
Grupo	

Nº de horas	NOTA FINAL
1	

Fdo:

Fecha:

Práctica número: 12 D

Objetivo

El objetivo principal es conseguir que los alumnos se conozcan tanto el esquema general de distribución eléctrica, como los diferentes tipos de suministros que nos podemos encontrar en BT

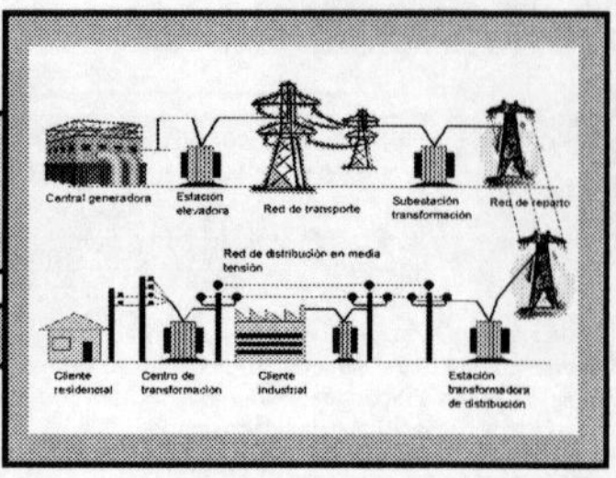

TIPOS DE SUMINISTROS ELÉCTRICOS EN BT

La distribución eléctrica desde su generación hasta su utilización por el propio usuario, sufre una serie de procesos que forman parte del sistema de distribución. Una vez que disponemos de la energía eléctrica para poder suministrársela al abonado, debemos conocer cual será el tipo de suministro más adecuado dependiendo de las posibilidades existentes y las necesidades.

Actividad 1

Dibuja el esquema TT

Dibuja el esquema IT

Comenta las aplicaciones de cada uno de las conexiones vistas anteriormente

Tipo de práctica:

Individual	X
Pareja	
Grupo	

Nº de horas	NOTA FINAL
1	

Fdo:

Fecha:

Profesor

Práctica número: 12 A

Objetivo

El objetivo principal es conseguir que los alumnos se conozcan tanto el esquema general de distribución eléctrica, como los diferentes tipos de suministros que nos podemos encontrar en BT

TIPOS DE SUMINISTROS ELÉCTRICOS EN BT

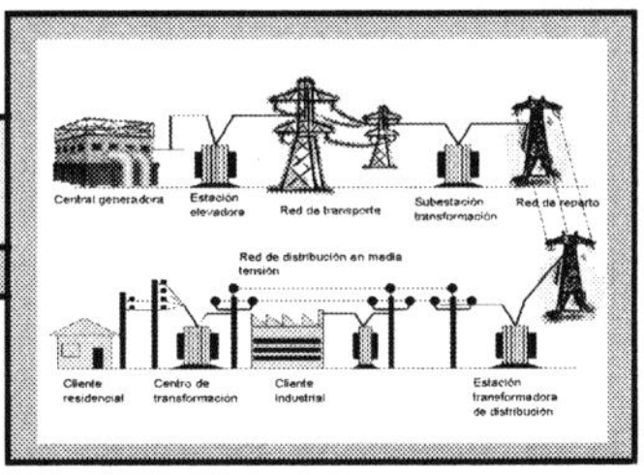

La distribución eléctrica desde su generación hasta su utilización por el propio usuario, sufre una serie de procesos que forman parte del sistema de distribución. Una vez que disponemos de la energía eléctrica para poder suministrársela al abonado, debemos conocer cual será el tipo de suministro más adecuado dependiendo de las posibilidades existentes y las necesidades.

Actividad 1

Resume el video "símil entre la bicicleta tanden" y el sistema de distribución de la energía:

http://www.slideshare.net/fnuno/sistema-eléctrico-explicado-por-el-smil-de-una-bicicleta-tndem

Actividad 2

Comenta la función de cada una de las partes del sistema de distribución:

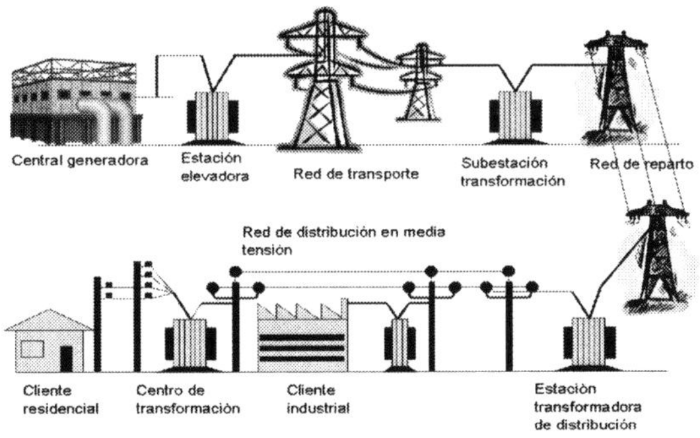

Central generadora
Generar energía eléctrica (transformar e hidráulica, eólica,... en energía eléctrica)
Estación elevadora
Elevar la tensión para evitar perdidas
Red de transporte
Llevar la energía de su punto de generación así punto de suministro
Subestación transformadora
Transformar los valores de la tensión
Red de reparto
Distribuir la energía, llevándola mas cerca del punto de suministro
Red de distribución de media tensión
Distribuir la energía en sus niveles de media tensión
Centro de transformación
Transforma la tensión a valores utilizables por el abonado

Nº de

Profesor

Fdo:

Fecha:

Práctica número: 12 B

Objetivo

El objetivo principal es conseguir que los alumnos se conozcan tanto el esquema general de distribución eléctrica, como los diferentes tipos de suministros que nos podemos encontrar en BT

TIPOS DE SUMINISTROS ELÉCTRICOS EN BT

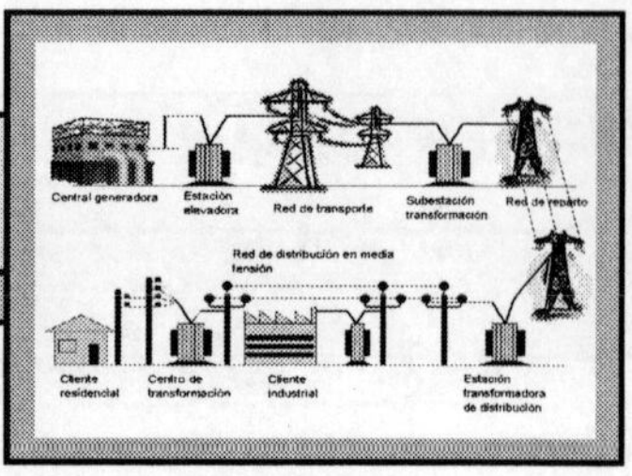

La distribución eléctrica desde su generación hasta su utilización por el propio usuario, sufre una serie de procesos que forman parte del sistema de distribución. Una vez que disponemos de la energía eléctrica para poder suministrársela al abonado, debemos conocer cual será el tipo de suministro más adecuado dependiendo de las posibilidades existentes y las necesidades.

Actividad 1

Realiza un esquema que presente los diferentes tipos de suministros que la ITC BT 10 nos presenta

Tipos de suministros	**Normales**		
	Complementarios	**Socorro**	**15%**
		Reserva	**25%**
		Duplicado	**50%**

Actividad 2

Completa la tabla

Potencia	Tipo de suministro	Valor total de la potencia
7500 w	Actividad con necesidad de suministro de SOCORRO	**8625**
9500 w	Actividad con necesidad de suministro de RESERVA	**11875**
10000 w	Actividad con necesidad de suministro DUPLICADO	**15000**

Actividad 3

Da 2 ejemplos de cada uno de los diferentes tipos de suministros

Suministros	Ejemplos
SOCORRO	***Aplicable a cualquier local de espectáculo y/o actividades recreativas y a los locales de reunión, trabajo y uso sanitario cuya ocupación sea superior a 300 personas***
RESERVA	***Aplicable a hospitales, clínicas, sanatorios, ambulatorios y centros de salud, estaciones de viajeros, aeropuertos, estacionamientos subterráneos para mas de 100 veh, establecimientos comerciales de mas de 2000 m2, estadios y pabellones deportivos***
DUPLICADO	***Su uso es voluntario pues no se expresa directamente en el REBT***

Profesor

Nº de

Fdo:

Fecha:

Práctica número: 12 C

Objetivo

El objetivo principal es conseguir que los alumnos se conozcan tanto el esquema general de distribución eléctrica, como los diferentes tipos de suministros que nos podemos encontrar en BT

TIPOS DE SUMINISTROS ELÉCTRICOS EN BT

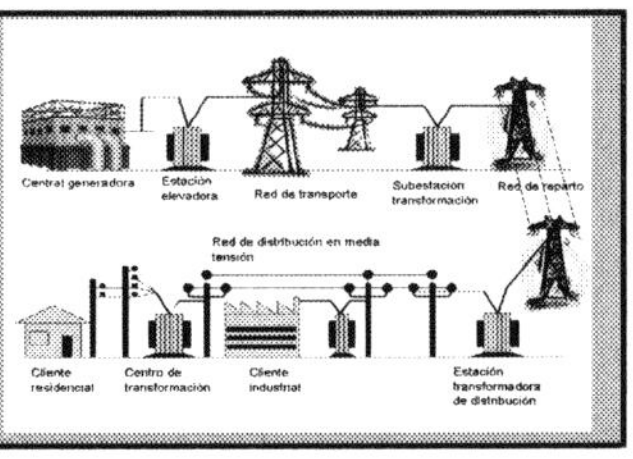

La distribución eléctrica desde su generación hasta su utilización por el propio usuario, sufre una serie de procesos que forman parte del sistema de distribución. Una vez que disponemos de la energía eléctrica para poder suministrársela al abonado, debemos conocer cual será el tipo de suministro más adecuado dependiendo de las posibilidades existentes y las necesidades.

Actividad 1

Responde a estas preguntas

Preguntas	Respuestas
¿Qué entiendes por masa?	Conjunto de las partes metálicas de un aparato que, en condiciones normales están aisladas de las partes activas
¿Qué entiendes por tierra?	Masa conductora de la tierra en la que el potencial eléctrico en cada punto se toma convencionalmente, igual a cero

Actividad 2

Dibuja los tres diferentes esquemas que se han explicado de la con exio TN indicando sus partes

Los esquemas TN tienen un punto de la alimentación, generalmente el neutro o compensador conectado directamente a tierra y las masas de la instalación receptora conectadas a dicho punto mediante conductores de protección. Se distinguen tres tipos de esquemas TN según la disposición relativa de¡ conductor neutro y del conductor de protección:

TN-S Esquema TN-S: En el que el conductor neutro y el de protección son distintos en todo el esquema

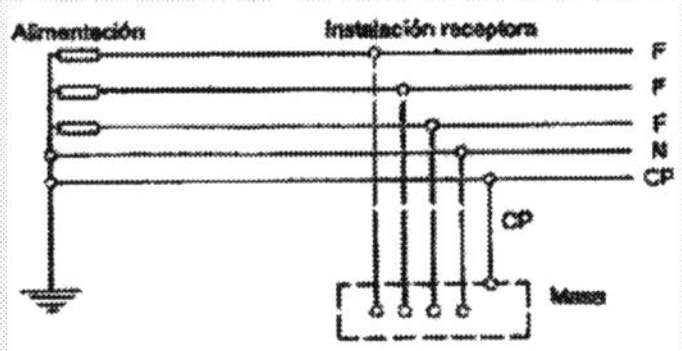

TN-C Esquema TN C: En el que las funciones de neutro y protección están combinados en un solo conductor en todo el esquema

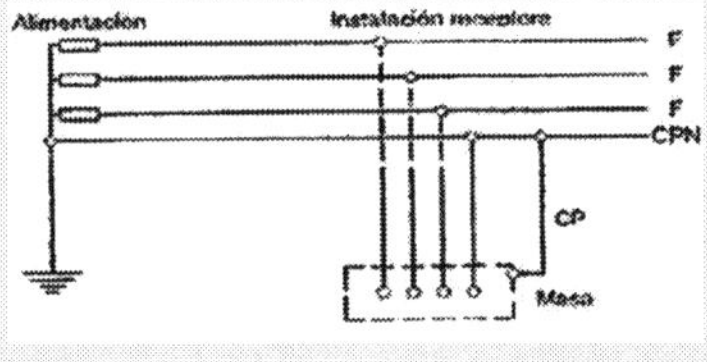

TN-C-S Esquema TN-C-S: En el que las funciones de neutro y protección están combinadas en un solo conductor en una parte de¡ esquema.

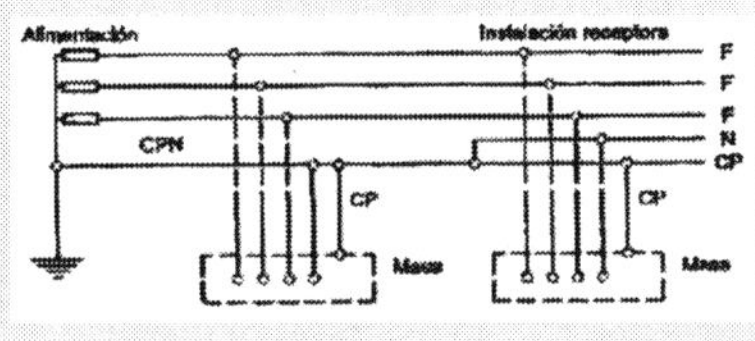

En los esquemas TN cualquier intensidad de defecto franco fase-masa es una intensidad de cortocircuito.
El bucle de defecto está constituido exclusivamente por elementos conductores metálicos

Nº de [illegible]

Profesor

Fdo:

Fecha:

Práctica número: 12 D

Objetivo

El objetivo principal es conseguir que los alumnos se conozcan tanto el esquema general de distribución eléctrica, como los diferentes tipos de suministros que nos podemos encontrar en BT

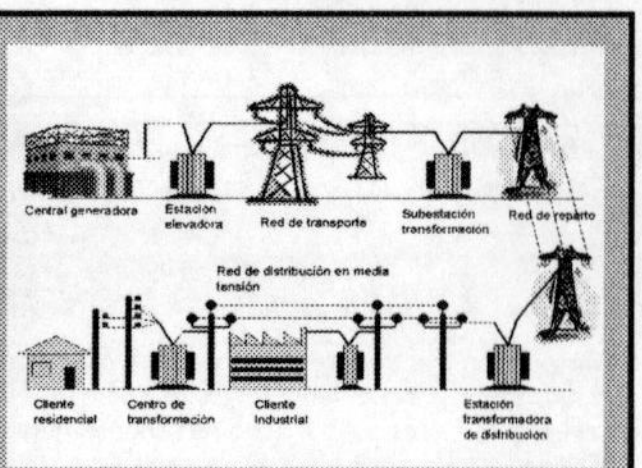

TIPOS DE SUMINISTROS ELÉCTRICOS EN BT

La distribución eléctrica desde su generación hasta su utilización por el propio usuario, sufre una serie de procesos que forman parte del sistema de distribución. Una vez que disponemos de la energía eléctrica para poder suministrársela al abonado, debemos conocer cual será el tipo de suministro más adecuado dependiendo de las posibilidades existentes y las necesidades.

Actividad 1

Dibuja el esquema TT

El esquema TT tiene un punto de alimentación, generalmente el neutro o compensador, conectado directamente a tierra. Las Masas de la instalación receptora están conectadas a una toma de tierra separada de la toma de tierra de la alimentación

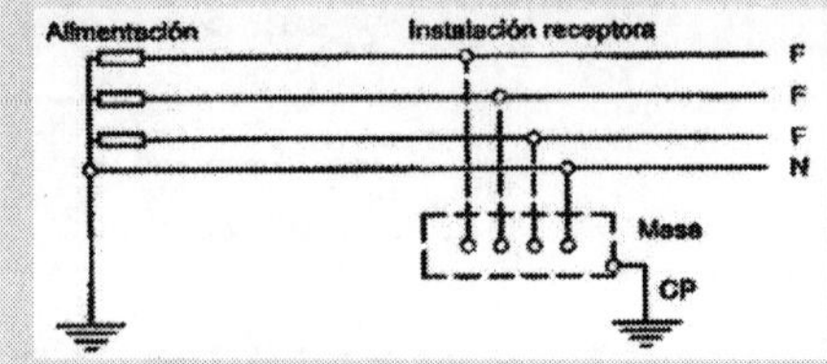

En este esquema las intensidades de defecto fase-masa o fase-tierra pueden tener valores inferiores a los de cortocircuito, pero pueden ser suficientes para provocar la aparición de tensiones peligrosas.
En general, el bucle de defecto incluye resistencia de paso a tierra en alguna parte del circuito de defecto lo que no excluye la posibilidad de conexiones eléctricas voluntarias o no, entre la zona de la toma de tierra de las masas de la instalación y la de la alimentación. Aunque ambas tomas de tierra no sean independientes, el esquema sigue siendo un esquema TT si no se cumplen todas las condiciones del esquema TN. Dicho de otra forma, no se tienen en cuenta las posibles conexiones entre ambas zonas de toma de tierra para la determinación de las condiciones de protección.

Dibuja el esquema IT

El esquema IT no tiene ningún punto de la alimentación conectado directamente a tierra. Las masas de la instalación receptora están puestas directamente a tierra

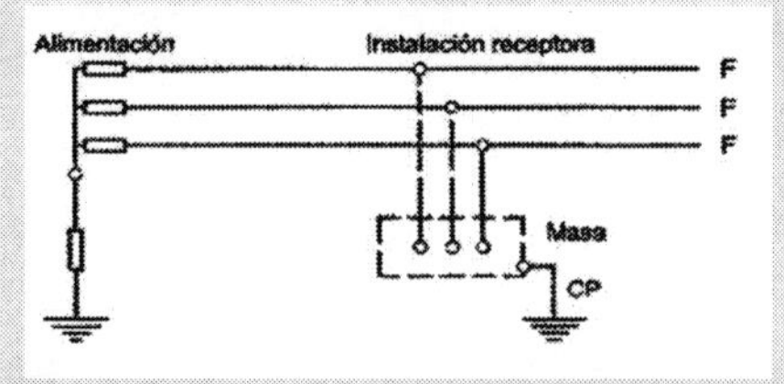

En este esquema la intensidad resultante de un primer defecto fase-masa o fase-tierra, tiene un valor lo suficientementereducido como para no provocar la aparición de tensiones de contacto peligrosas.
La limitación del valor de la intensidad resultante de un primer defecto fase-masa o fase tierra se obtiene bien por la ausencia de conexión a tierra en la alimentación, o bien por la inserción de una impedancia suficiente entre un punto de la alimentación (generalmente el neutro) y tierra. A este efecto puede resultar necesario limitar la extensión de la instalación para disminuir el efecto capacitivo de los cables con respecto a tierra.
En este tipo de esquema se recomienda no distribuir el neutro

Comenta las aplicaciones de cada uno de las conexiones vistas anteriormente

La elección de uno de los tres tipos de esquemas debe hacerse en función de las características técnicas y económicas de cada instalación. Sin embargo, hay que tener en cuenta los siguientes principios.
a. Las redes de distribución pública de baja tensión tienen un punto puesta directamente a tierra por prescripción reglamentaria. Este punto es el punto neutro de la red. El esquema de distribución para instalaciones, receptoras alimentadas directamente de una red de distribución pública de baja tensión es el esquema TT.
b. En instalaciones alimentadas en baja tensión, a partir de un centro de transformación de abanado, se podrá elegir cualquiera de los tres esquemas citados.
c. No obstante lo dicho en a), puede establecerse un esquema IT en parte o panes de una instalación alimentada directamente de una red de distribución pública mediante el uso de transformadores adecuados, en cuyo secundario y en la parte de la instalación afectada se establezcan las disposiciones que para tal esquema.

Profesor

Nº de ...

Fdo:

Fecha:

13

TÉCNICAS DE LOCALIZACIÓN DE AVERÍAS

Alumno

Práctica número: 13 A

Objetivo

El objetivo principal es conseguir que los alumnos se conozcan el tipo de averías que se pueden dar en una instalación eléctrica, cómo detectarlas y qué instrumentos se pueden usar para ello.

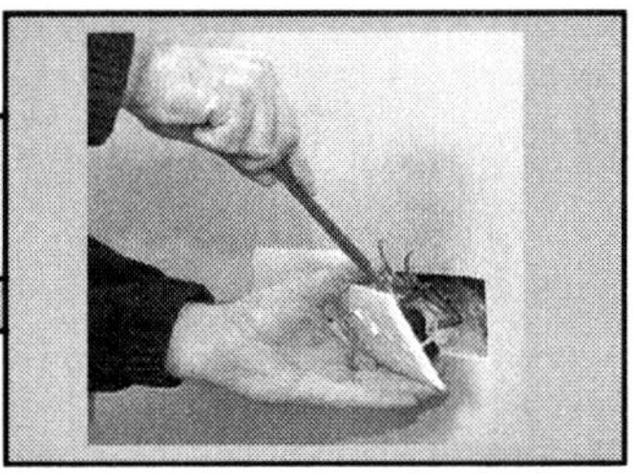

TÉCNICAS DE LOCALIZACIÓN DE AVERÍAS

Una avería eléctrica puede ser debida a diferentes causas y sus incidencias van desde el corte de suministro, pasando por la destrucción de bienes, hasta la integridad física de una persona, es por ello importante que seamos capaces de localizarlas, diagnosticarlas y solucionarlas.

Actividad 1

Contesta las siguientes cuestiones:

a) Define el concepto de avería relacionado con la electricidad.

b) Pon tres ejemplos de averías eléctricas.

c) ¿Qué establece o constiuye el REBT?.

d) Define qué es una instalación eléctrica de baja tensión y las tensiones máximas de actividad según el Real Decreto 842/2002.

d) Si en tu vivienda detectas que la fuente de alimentación de tu PC se ha quemado varias veces y con el polímetro compruebas que durante ciertas horas del día llegan 280 voltios a las tomas de tensión, ¿qué aparatos colocarías para evitar una nueva avería?

e) Enumera algún elemento o práctica de protección de una instalación eléctrica en una vivienda que protege, ayuda y evita la posibilidad de que ocurra una avería eléctrica.

Tipo de práctica:

Individual	X
Pareja	
Grupo	

Nº de horas	NOTA FINAL
1	

Fdo:

Fecha:

Práctica número: 13 B

Objetivo

El objetivo principal es conseguir que los alumnos se conozcan el tipo de averías que se pueden dar en una instalación eléctrica, cómo detectarlas y qué instrumentos se pueden usar para ello.

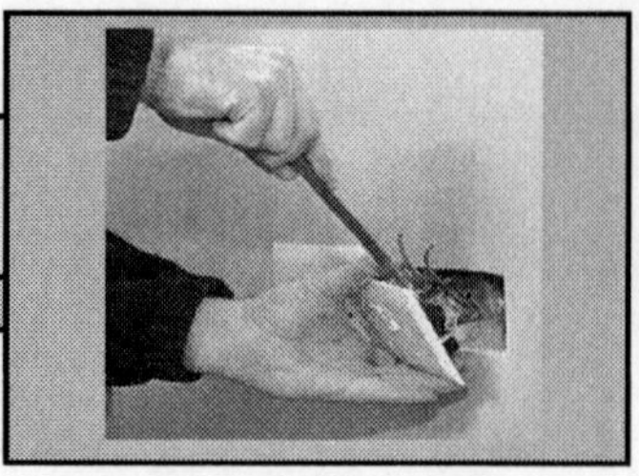

TÉCNICAS DE LOCALIZACIÓN DE AVERÍAS

Una avería eléctrica puede ser debida a diferentes causas y sus incidencias van desde el corte de suministro, pasando por la destrucción de bienes, hasta la integridad física de una persona, es por ello importante que seamos capaces de localizarlas, diagnosticarlas y solucionarlas.

Actividad 1

Ofrece una solución a la siguiente situación:

Hay una zona de la vivienda sin luz. Al intentar conectar el interruptor magnetotérmico de ese ramal vuelve a saltar.

Actividad 2

Ofrece una solución a la siguiente situación:

No hay luz en la casa. Ha saltado el interruptor diferencial. Puede que alguno de los receptores conectado a un enchufe esté derivado debido a alguna avería.

Actividad 3

Ofrece una solución a la siguiente situación:

En tu vivienda ha saltado el limitador de potencia ICP.

Tipo de práctica:

Individual	X
Pareja	
Grupo	

Nº de horas	NOTA FINAL
1	

Fdo:

Fecha:

Práctica número: 13 C

Objetivo

El objetivo principal es conseguir que los alumnos se conozcan el tipo de averías que se pueden dar en una instalación eléctrica, cómo detectarlas y qué instrumentos se pueden usar para ello.

TÉCNICAS DE LOCALIZACIÓN DE AVERÍAS

Una avería eléctrica puede ser debida a diferentes causas y sus incidencias van desde el corte de suministro, pasando por la destrucción de bienes, hasta la integridad física de una persona, es por ello importante que seamos capaces de localizarlas, diagnosticarlas y solucionarlas.

Actividad 1

Con la siguiente fotografía, indica los aparatos de medida que diferencias en ella y herramientas que utilizarías y te llevarías para resolver una avería eléctrica.

Una vez hayas realizado la actividad, debate y comenta algún otro aparato de interés de la fotografía con el profesor y los compañeros.

Tipo de práctica:

Individual	
Pareja	X
Grupo	

Nº de horas	NOTA FINAL
1	

Fdo:

Fecha:

Práctica número: 13 D

Objetivo

El objetivo principal es conseguir que los alumnos se conozcan el tipo de averías que se pueden dar en una instalación eléctrica, cómo detectarlas y qué instrumentos se pueden usar para ello.

TÉCNICAS DE LOCALIZACIÓN DE AVERÍAS

Una avería eléctrica puede ser debida a diferentes causas y sus incidencias van desde el corte de suministro, pasando por la destrucción de bienes, hasta la integridad física de una persona, es por ello importante que seamos capaces de localizarlas, diagnosticarlas y solucionarlas.

Actividad 1

Dada la siguiente fotografía, ¿Qué es y para qué sirve una termografía?

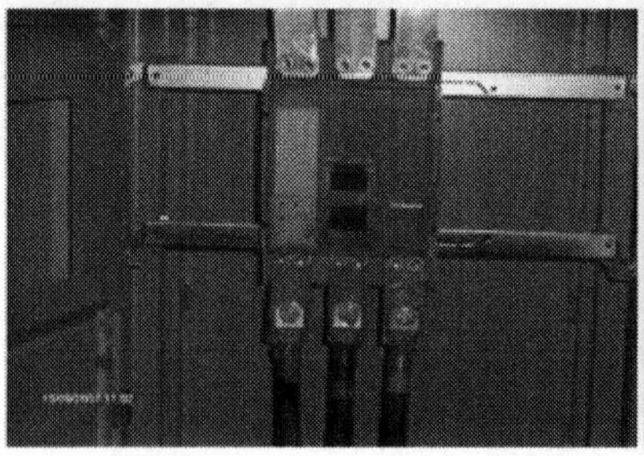

Actividad 2

Indica con una X las averías que puede detectar una termografía.

	Fallos de conexionado y apriete de los terminales
	Falta de tensión en la línea
	Defectos de cableado
	Sobretemperatura en aparamenta eléctrica como portafusiles, contadores...
	Ventilación o refrigeración ineficiente
	Derivaciones a tierra

Actividad 2

Dada la siguiente imagen de una termografía, comenta con tu compañero las principales causas por las que se eleva la temperatura de este aparto de protección. Redacta la conclusión obtenida

Tipo de práctica:		Nº de horas	NOTA FINAL	Fdo:
Individual		1		
Pareja	X			
Grupo				Fecha:

Práctica número: 13 E

Objetivo

El objetivo principal es conseguir que los alumnos se conozcan el tipo de averías que se pueden dar en una instalación eléctrica, cómo detectarlas y qué instrumentos se pueden usar para ello.

TÉCNICAS DE LOCALIZACIÓN DE AVERÍAS

Una avería eléctrica puede ser debida a diferentes causas y sus incidencias van desde el corte de suministro, pasando por la destrucción de bienes, hasta la integridad física de una persona, es por ello importante que seamos capaces de localizarlas, diagnosticarlas y solucionarlas.

Actividad 1

Con los aparatos de medida que creas oportunos, (polímetro, amperímetro, Megger, buscador de polos, cableado, tijeras etc.) otra aparamenta eléctrica como potenciómetros y los motores o cargas que hay en el taller, provoca en la maqueta realizada en la unidad 6 sobre elementos de corte y protección las siguientes averías

Realiza además un pequeño informe de la práctica realizada indicando como has provocado dicho defecto.

1-a) Salto del magnetotérmico por defecto de sobre calentamiento en el mismo.

1-b) Salto del magnetotérmico por defecto magnético del mismo

1-c) Salto de interruptor diferencial provocando una derivación de corriente a tierra,

Tipo de práctica:

Individual	
Pareja	X
Grupo	

Nº de horas	NOTA FINAL
3	

Fdo:

Fecha:

Profesor

Práctica número: 13 A

Objetivo

El objetivo principal es conseguir que los alumnos se conozcan el tipo de averías que se pueden dar en una instalación eléctrica, cómo detectarlas y qué instrumentos se pueden usar para ello.

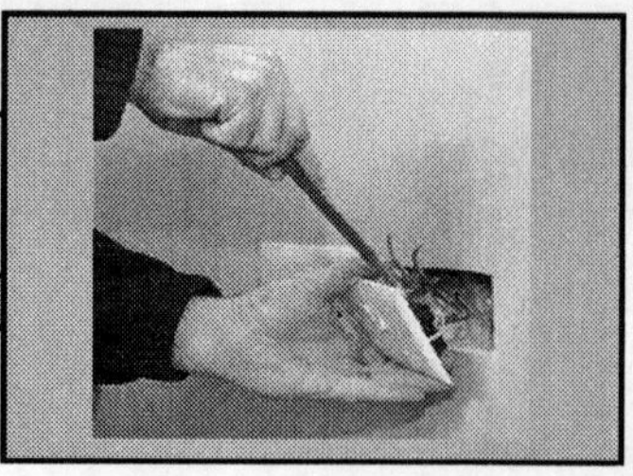

TÉCNICAS DE LOCALIZACIÓN DE AVERÍAS

Una avería eléctrica puede ser debida a diferentes causas y sus incidencias van desde el corte de suministro, pasando por la destrucción de bienes, hasta la integridad física de una persona, es por ello importante que seamos capaces de localizarlas, diagnosticarlas y solucionarlas.

Actividad 1

Contesta las siguientes cuestiones:

a) Define el concepto de avería relacionado con la electricidad.

Alteración normal del funcionamiento de un componente, instalación o máquina.

b) Pon tres ejemplos de averías eléctricas.

Cortocircuito.
Derivación de fase a tierra.
Sobrecargar las tomas de corriente.

c) ¿Qué establece o constiuye el REBT?.

Establece las condiciones técnicas para garantizar la seguriad de las personas y el funcionamiento de las instalaciones.

d) Define qué es una instalación eléctrica de baja tensión y las tensiones máximas de actividad según el Real Decreto 842/2002.

Conjunto de aparatos y circuitos asociados destinados a producir, convertir, transformar, transmitir o distribuir la energía eléctrica. Las tensiones no excederán los 1000 voltios en corriente alterna y los 1500 voltios en corriente continua.

d) Si en tu vivienda detectas que la fuente de alimentación de tu PC se ha quemado varias veces y con el polímetro compruebas que durante ciertas horas del día llegan 280 voltios a las tomas de tensión, ¿qué aparatos colocarías para evitar una nueva avería?

Fuente estabilizadora de tensión, filtro de picos o fluctuación de red o un sistema de alimentación ininterrumpida.

e) Enumera algún elemento o práctica de protección de una instalación eléctrica en una vivienda que protege, ayuda y evita la posibilidad de que ocurra una avería eléctrica.

Planos eléctricos de la instalación eléctrica de la vivienda, de situación de cajas de distribución, rozas, etc.
Correcta conexión de toma a tierra de todos los receptores que lo necesiten y puedan derivar por ellos corriente eléctrica.
Correcta ubicación y uso del interruptor automático diferencial, probando periódicamente su funcionamiento mediante el pulsador de Test.
Correcto conexionado y apriete de los conductores en los mecanismos de control (interruptores, conmutadores, bases de enchufes, etc.) evitando calentamientos y chisporroteos.
Limpieza y correcto uso de la aparamenta eléctrica.

Profesor

Nº de

Fdo:

Fecha:

Práctica número: 13 B

Objetivo

El objetivo principal es conseguir que los alumnos se conozcan el tipo de averías que se pueden dar en una instalación eléctrica, cómo detectarlas y qué instrumentos se pueden usar para ello.

TÉCNICAS DE LOCALIZACIÓN DE AVERÍAS

Una avería eléctrica puede ser debida a diferentes causas y sus incidencias van desde el corte de suministro, pasando por la destrucción de bienes, hasta la integridad física de una persona, es por ello importante que seamos capaces de localizarlas, diagnosticarlas y solucionarlas.

Actividad 1

Ofrece una solución a la siguiente situación:

Hay una zona de la vivienda sin luz. Al intentar conectar el interruptor magnetotérmico de ese ramal vuelve a saltar.

Desenchufa todos los aparatos que están conectado en esa zona (apliques, televisor, frigorífico, etc.). Intenta conectar el interruptor magnetotérmico, si lo consigues, dejaló conectado y comienza a enchufar los electrodomésticos uno a uno. Observa con cual de ellos se vuelve a cortar la corriente, ese será el averiado.

Actividad 2

Ofrece una solución a la siguiente situación:

No hay luz en la casa. Ha saltado el interruptor diferencial. Puede que alguno de los receptores conectado a un enchufe esté derivado debido a alguna avería.

Primero asegurate de que el resto de los interruptores magnetotérmicos del cuadro están conectados. A continuación desenchufa todos los receptores. Vuelve a conectar el interruptor diferencial, si lo consigues, dejalo conectado y comienza a enchufar los aparatos de uno en uno. Observa con cual de ellos vuelve a saltar el diferencial, ese será el que está produciendo el problema.

Actividad 3

Ofrece una solución a la siguiente situación:

En tu vivienda ha saltado el limitador de potencia ICP.

Si esta bien diseñada la instalación, en caso de cortocircuito saltaría un PIA o IGA (interruptor general de alimentación). En este caso, como está sobrepasando la potencia máxima, desconecta alguno de los aparatos que tenga en funcionamiento, hasta que el interruptor ICP no vuelva a saltar.

Si continúa saltándose con frecuencia tendrás que hablar con su compañía distribuidora y contratar mayor potencia.

Profesor

Nº de

Fdo:

Fecha:

Práctica número: 13 C

Objetivo

El objetivo principal es conseguir que los alumnos se conozcan el tipo de averías que se pueden dar en una instalación eléctrica, cómo detectarlas y qué instrumentos se pueden usar para ello.

TÉCNICAS DE LOCALIZACIÓN DE AVERÍAS

Una avería eléctrica puede ser debida a diferentes causas y sus incidencias van desde el corte de suministro, pasando por la destrucción de bienes, hasta la integridad física de una persona, es por ello importante que seamos capaces de localizarlas, diagnosticarlas y solucionarlas.

Actividad 1

Con la siguiente fotografía, indica los aparatos de medida que diferencias en ella y herramientas que utilizarías y te llevarías para resolver una avería eléctrica.

Una vez hayas realizado la actividad, debate y comenta algún otro aparato de interés de la fotografía con el profesor y los compañeros.

Como mínimo: Polímetro, Busca polos, Cinta aislante, Tijeras, Regletas, Destornilladores y Cable.

Nº de [illegible]

Fdo:

Fecha:

Práctica número: 13 D

Objetivo

El objetivo principal es conseguir que los alumnos se conozcan el tipo de averías que se pueden dar en una instalación eléctrica, cómo detectarlas y qué instrumentos se pueden usar para ello.

TÉCNICAS DE LOCALIZACIÓN DE AVERÍAS

Una avería eléctrica puede ser debida a diferentes causas y sus incidencias van desde el corte de suministro, pasando por la destrucción de bienes, hasta la integridad física de una persona, es por ello importante que seamos capaces de localizarlas, diagnosticarlas y solucionarlas.

Actividad 1

Dada la siguiente fotografía, ¿Qué es y para qué sirve una termografía?

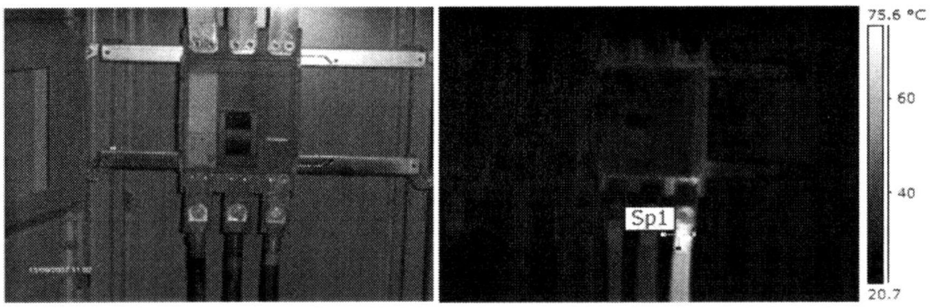

La termografía es una técnica que permite medir temperaturas exactas a distancia y sin necesidad de contacto físico con el objeto a estudiar.

Actividad 2

Indica con una X las averías que puede detectar una termografía.

X	Fallos de conexionado y apriete de los terminales
	Falta de tensión en la línea
X	Defectos de cableado
X	Sobretemperatura en aparamenta eléctrica como portafusiles, contadores...
X	Ventilación o refrigeración ineficiente
	Derivaciones a tierra

Actividad 3

Dada la siguiente imagen de una termografía, comenta con tu compañero las principales causas por las que se eleva la temperatura de este aparto de protección. Redacta la conclusión obtenida

Sobrecalentamiento por conexión floja en el apriete de los tornillos contra las puntas del cableado.

Profesor

Nº de

Fdo:

Fecha:

Práctica número: 13 E

Objetivo

El objetivo principal es conseguir que los alumnos se conozcan el tipo de averías que se pueden dar en una instalación eléctrica, cómo detectarlas y qué instrumentos se pueden usar para ello.

TÉCNICAS DE LOCALIZACIÓN DE AVERÍAS

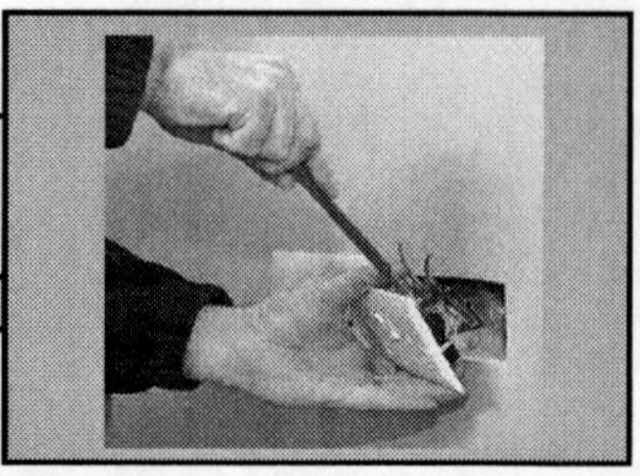

Una avería eléctrica puede ser debida a diferentes causas y sus incidencias van desde el corte de suministro, pasando por la destrucción de bienes, hasta la integridad física de una persona, es por ello importante que seamos capaces de localizarlas, diagnosticarlas y solucionarlas.

Actividad 1

Con los aparatos de medida que creas oportunos, (polímetro, amperímetro, Megger, buscador de polos, cableado, tijeras etc.) otra aparamenta eléctrica como poptenciómetros y los motores o cargas que hay en el taller, provoca en la maqueta realizada en la unidad 6 sobre elementos de corte y protección las siguientes averías

Realiza además un pequeño informe de la práctica realizada indicando como has provocado dicho defecto.

1-a) Salto del magnetotérmico por defecto de sobre calentamiento en el mismo.

1-b) Salto del magnetotérmico por defecto magnético del mismo

1-c) Salto de interruptor diferencial provocando una derivación de corriente a tierra,

Profesor

Nº de l

Fdo:

Fecha:

14

MANTENIMIENTO DE LA INSTALACIÓN

Alumno

Práctica número: 14 A

Objetivo

El objetivo principal es conocer los diferentes tipos de mantenimiento que existen, así como los artículos e ITC-BT relacionados con este campo. Además hay de conocer qué tipo de mantenimiento puede realizar el usuario y el técnico.

MANTENIMIENTO DE LA INSTALACIÓN

El mantenimiento es una parte muy importante de la instalación, de él depende el garantizar un suministro continuo y de calidad. El usuario es una pieza importante dentro del mantenimiento de su instalación eléctrica. Aunque éste no pueda realizarles todos, sí puede ayudar al mantenimiento y buen estado de su instalación.

Actividad 1

Indica en cada definición el tipo de mantenimiento al que se hace referencia:

CONCEPTO	DEFINICIÓN
	Aquel tipo de mantenimiento que se hace con anticipación y de manera programada con el fin de evitar desperfectos.
	Este tipo de mantenimiento consiste en corregir algún error ya sea físico o lógico y a la vez se puede aprovechar para prevenir otros.
	Es un mantenimiento basado fundamentalmente en detectar un fallo antes de que suceda, dando tiempo a corregirlo antes de que el equipo o elemento deje de trabajar en las condiciones óptimas.

Actividad 2

Explica de forma general los tipos de mantenimiento que habría que considerar en un vehículo, y detalla brevemente con un ejemplo práctico en que consistiría cada uno de ellos

Tipo de práctica:

Individual	X
Pareja	
Grupo	

Nº de horas	**NOTA FINAL**
1	

Fdo:

Fecha:

Práctica número: 14 B

Objetivo

El objetivo principal es conocer los diferentes tipos de mantenimiento que existen, así como los artículos e ITC-BT relacionados con este campo. Además hay de conocer qué tipo de mantenimiento puede realizar el usuario y el técnico.

MANTENIMIENTO DE LA INSTALACIÓN

El mantenimiento es una parte muy importante de la instalación, de él depende el garantizar un suministro continuo y de calidad. El usuario es una pieza importante dentro del mantenimiento de su instalación eléctrica. Aunque éste no pueda realizarles todos, sí puede ayudar al mantenimiento y buen estado de su instalación.

Actividad 1

¿Qué tipo de inspecciones se indican en la ITC-BT-05 del Reglamento electrotécnico de baja tensión?

Actividad 2

Indica en el siguiente cuadro en que tipo de instalaciones hay que realizar inspecciones iniciales según la ITC-BT-05

	Locales húmedos con potencia instalada superior a 25 kW
	Edificios de más de 3 plantas o con garajes superando una potencia de 5KW
	Instalaciones industriales con proyecto, con una potencia instalada superior a 100 kW
	Depuradoras con potencia instalada superior a 10 kW
	Locales de Pública Concurrencia
	Quirófanos y salas de intervención
	Piscinas con potencia instalada superior a 10 kW
	Instalaciones de alumbrado exterior con potencia instalada superior 5 kW
	Instalaciones de alumbrado exterior con potencia instalada superior 10 kW
	Locales con riesgo de incendio o explosión clase I, excepto garajes de menos de 25 plazas
	Locales con riesgo de incendio o explosión clase I
	Locales mojados con potencia instalada superior a 25 kW

Actividad 3

Según la ITC-BT-05, cuando se somete una instalación a una revisión, el certificado que se emite puede de ser de tres tipos. ¿Cuáles son?

Tipo de práctica:

Individual	X
Pareja	
Grupo	

Nº de horas	NOTA FINAL
1	

Fdo:

Fecha:

Práctica número: 14 C

Objetivo

El objetivo principal es conocer los diferentes tipos de mantenimiento que existen, así como los artículos e ITC-BT relacionados con este campo. Además hay de conocer qué tipo de mantenimiento puede realizar el usuario y el técnico.

MANTENIMIENTO DE LA INSTALACIÓN

El mantenimiento es una parte muy importante de la instalación, de él depende el garantizar un suministro continuo y de calidad. El usuario es una pieza importante dentro del mantenimiento de su instalación eléctrica. Aunque éste no pueda realizarles todos, si puede ayudar al mantenimiento y buen estado de su instalación.

Actividad 1

Comenta con tu compañero y redacta con tus palabras que hay que pasos hay que seguir por parte del propietario si se emite un certificado condicionado

Actividad 2

Según la ITC-5 ¿Qué tipos de defectos se pueden clasificar en una instalación?

Actividad 3

Indica qué actividades de mantenimiento puede realizar en us instalación eléctrica a nivel de usuario

	Limpieza con agua de las bases de enchufe
	Accionamiento manual de los magnetotérmicos
	Introducir corriente de fuga por el cable de tierra
	Inspección visual del interior de los cuadros eléctricos y bases de enchufes
	Sustituir un magnetotérmico averiado
	Pulsar el botón de test del interruptor diferencial

Tipo de práctica:

Individual	X
Pareja	
Grupo	

Nº de horas	NOTA FINAL
1	

Fdo:

Fecha:

Práctica número: 14 D

Objetivo

El objetivo principal es conocer los diferentes tipos de mantenimiento que existen, así como los artículos e ITC-BT relacionados con este campo. Además hay de conocer qué tipo de mantenimiento puede realizar el usuario y el técnico.

MANTENIMIENTO DE LA INSTALACIÓN

El mantenimiento es una parte muy importante de la instalación, de él depende el garantizar un suministro continuo y de calidad. El usuario es una pieza importante dentro del mantenimiento de su instalación eléctrica. Aunque éste no pueda realizarles todos, sí puede ayudar al mantenimiento y buen estado de su instalación.

Actividad 1

Con los instrumentos de medida necesarios, (polímetro, amperímetro, Megger, buscador de polos, cableado, tijeras etc.), realiza y verifica las siguientes mediciones del cuadro eléctrico realizado en la actividad 6 de elementos de corte y protección. Realiza un pequeño informe de la práctica.

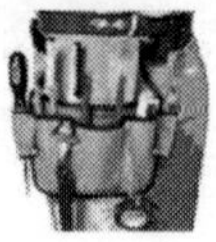

9-a) Verifica la continuidad de los conductores activos y de protección.

9-b) Verifica la tensión de llegada al cuadro y potencia consumida.

9-c) Mide la temperatura de los tableros y de las conexiones.

9-d) Mide la resistencia de aislamiento de los conductores.

Tipo de práctica:

Individual	
Pareja	X
Grupo	

Nº de horas	NOTA FINAL
2	

Fdo:

Fecha:

Profesor

Práctica número: 14 A

Objetivo

El objetivo principal es conocer los diferentes tipos de mantenimiento que existen, así como los artículos e ITC-BT relacionados con este campo. Además hay de conocer qué tipo de mantenimiento puede realizar el usuario y el técnico.

MANTENIMIENTO DE LA INSTALACIÓN

El mantenimiento es una parte muy importante de la instalación, de él depende el garantizar un suministro continuo y de calidad. El usuario es una pieza importante dentro del mantenimiento de su instalación eléctrica. Aunque éste no pueda realizarles todos, si puede ayudar al mantenimiento y buen estado de su instalación.

Actividad 1

Indica en cada definición el tipo de mantenimiento al que se hace referencia:

CONCEPTO	DEFINICIÓN
Mantenimiento preventivo	Aquel tipo de mantenimiento que se hace con anticipación y de manera programada con el fin de evitar desperfectos.
Mantenimiento correctivo	Este tipo de mantenimiento consiste en corregir algún error ya sea físico o lógico y a la vez se puede aprovechar para prevenir otros.
Mantenimiento predictivo	Es un mantenimiento basado fundamentalmente en detectar un fallo antes de que suceda, dando tiempo a corregirlo antes de que el equipo o elemento deje de trabajar en las condiciones óptimas.

Actividad 2

Explica de forma general los tipos de mantenimiento que habría que considerar en un vehículo, y detalla brevemente con un ejemplo práctico en que consistiría cada uno de ellos

- El mantenimiento preventivo para vehículos podría ser establecer las revisiones periódicas que hay que realizar para evitar posibles reparaciones graves o para evitar accidentes en su manejo, en ellos se podría incluir simplemente el cambio de los filtros, del aceite, etc.

- Mantenimiento correctivo podría ser sería corregir la dirección si detectamos una vibración en el volante para evitar en el futuro males peores.

- Mantenimiento predictivo podría consistir simplemente en echar gasolina al vehículo, anteponiéndonos a que este deje de funcionar si se queda sin combustible

Nº de

Fdo:

Fecha:

Práctica número: 14 B

Objetivo

El objetivo principal es conocer los diferentes tipos de mantenimiento que existen, así como los artículos e ITC-BT relacionados con este campo. Además hay de conocer qué tipo de mantenimiento puede realizar el usuario y el técnico.

MANTENIMIENTO DE LA INSTALACIÓN

El mantenimiento es una parte muy importante de la instalación, de él depende el garantizar un suministro continuo y de calidad. El usuario es una pieza importante dentro del mantenimiento de su instalación eléctrica. Aunque éste no pueda realizarles todos, sí puede ayudar al mantenimiento y buen estado de su instalación.

Actividad 1

¿Qué tipo de inspecciones se indican en la ITC-BT-05 del Reglamento electrotécnico de baja tensión?

INSPECCIONES INICIALES
Serán objeto de inspección, una vez ejecutadas las instalaciones, sus ampliaciones o modificaciones de importancia y previamente a ser documentadas ante el Órgano competente de la Comunidad Autónoma, las siguientes instalaciones:
a. Instalaciones industriales que precisen proyecto, con una potencia instalada superior a 100 kW;
b. Locales de Pública Concurrencia;
c. Locales con riesgo de incendio o explosión, de clase I, excepto garajes de menos de 25 plazas;
d. Locales mojados con potencia instalada superior a 25 kW;
e. Piscinas con potencia instalada superior a 10 kW;
f. Quirófanos y salas de intervención;
g. Instalaciones de alumbrado exterior con potencia instalada superior 5 kW.

INSPECCIONES PERIÓDICAS
Serán objeto de inspecciones periódicas, cada 5 años, todas las instalaciones eléctricas en baja tensión que precisaron inspección inicial, según el punto 4.1 anterior, y cada 10 años, las comunes de edificios de viviendas de potencia total instalada superior a 100 kW.

Actividad 2

Indica en el siguiente cuadro en que tipo de instalaciones hay que realizar inspecciones iniciales según la ITC-BT-05

	Locales húmedos con potencia instalada superior a 25 kW
	Edificios de más de 3 plantas o con garajes superando una potencia de 5KW
X	Instalaciones industriales con proyecto, con una potencia instalada superior a 100 kW
	Depuradoras con potencia instalada superior a 10 kW
X	Locales de Pública Concurrencia
X	Quirófanos y salas de intervención
X	Piscinas con potencia instalada superior a 10 kW
X	Instalaciones de alumbrado exterior con potencia instalada superior 5 kW
	Instalaciones de alumbrado exterior con potencia instalada superior 10 kW
X	Locales con riesgo de incendio o explosión clase I, excepto garajes de menos de 25 plazas
	Locales con riesgo de incendio o explosión clase I
X	Locales mojados con potencia instalada superior a 25 kW

Actividad 3

Según la ITC-BT-05, cuando se somete una instalación a una revisión, el certificado que se emite puede de ser de tres tipos. ¿Cuáles son?

FAVORABLE: Cuando no se determine la existencia de ningún defecto muy grave o grave. En este caso, los posibles defectos leves se anotarán para constancia del titular, con la indicación de que deberá poner los medios para subsanarlos antes de la próxima inspección

CONDICIONADA: Cuando se detecte la existencia de, al menos, un defecto grave o defecto leve procedente de otra inspección anterior que no se haya corregido. En este caso:
a. Las instalaciones nuevas que sean objeto de esta calificación no podrán ser suministradas de energía eléctrica en tanto no se hayan corregido los defectos indicados y puedan obtener la calificación de favorable.
b. A las instalaciones ya en servicio se les fijará un plazo para proceder a su corrección, que no podrá superar los 6 meses.

NEGATIVA: Cuando se observe, al menos, un defecto muy grave. En este caso:
a. Las nuevas instalaciones no podrán entrar en servicio, en tanto no se hayan corregido los defectos indicados y puedan obtener la calificación de favorable.
b. A las instalaciones ya en servicio se les emitirá Certificado negativo, que se remitirá inmediatamente al Órgano competente de la Comunidad Autónoma.

Profesor

Nº de lista

Fdo:

Fecha:

Práctica número: 14 C

Objetivo

El objetivo principal es conocer los diferentes tipos de mantenimiento que existen, así como los artículos e ITC-BT relacionados con este campo. Además hay de conocer qué tipo de mantenimiento puede realizar el usuario y el técnico.

MANTENIMIENTO DE LA INSTALACIÓN

El mantenimiento es una parte muy importante de la instalación, de él depende el garantizar un suministro continuo y de calidad. El usuario es una pieza importante dentro del mantenimiento de su instalación eléctrica. Aunque éste no pueda realizarles todos, si puede ayudar al mantenimiento y buen estado de su instalación.

Actividad 1

Comenta con tu compañero y redacta con tus palabras los pasos que hay que seguir por parte del propietario si se emite un certificado condicionado.

Cuando se detecte la existencia de, al menos, un defecto grave o defecto leve procedente de otra inspección anterior que no se haya corregido. En este caso:

a. Las instalaciones nuevas que sean objeto de esta calificación no podrán ser suministradas de energía eléctrica en tanto no se hayan corregido los defectos indicados y puedan obtener la calificación de favorable.

b. A las instalaciones ya en servicio se les fijará un plazo para proceder a su corrección, que no podrá superar los 6 meses. Transcurrido dicho plazo sin haberse subsanado los defectos, el Organismo de Control deberá remitir el Certificado con la calificación negativa al órgano competente de la Comunidad Autónoma.

Actividad 2

Según la ITC-5 ¿Qué tipos de defectos se pueden clasificar en una instalación?

MUY GRAVE: Es todo aquél que la razón o la experiencia determina que constituye un peligro inmediato para la seguridad de las personas o los bienes. Se consideran tales los incumplimientos de las medidas de seguridad que pueden provocar el desencadenamiento de los peligros que se pretenden evitar con tales medidas

GRAVE: Es el que no supone un peligro inmediato para la seguridad de las personas o de los bienes, pero puede serlo al originarse un fallo en la instalación. También se incluye dentro de esta clasificación, el defecto que pueda reducir de modo sustancial la capacidad de utilización de la instalación eléctrica.

LEVE: Es todo aquel que no supone peligro para las personas o los bienes, no perturba el funcionamiento de la instalación y en el que la desviación respecto de lo reglamentado no tiene valor significativo para el uso efectivo o el funcionamiento de la instalación.

Actividad 3

Indica qué actividades de mantenimiento puede realizar en us instalación eléctrica a nivel de usuario

	Limpieza con agua de las bases de enchufe
X	Accionamiento manual de los magnetotérmicos
	Introducir corriente de fuga por el cable de tierra
X	Inspección visual del interior de los cuadros eléctricos y bases de enchufes
	Sustituir un magnetotérmico averiado
X	Pulsar el botón de test del interruptor diferencial

Profesor

Nº de ...

Fdo:

Fecha:

Práctica número: 14 D

Objetivo

El objetivo principal es conocer los diferentes tipos de mantenimiento que existen, así como los artículos e ITC-BT relacionados con este campo. Además hay de conocer qué tipo de mantenimiento puede realizar el usuario y el técnico.

MANTENIMIENTO DE LA INSTALACIÓN

El mantenimiento es una parte muy importante de la instalación, de él depende el garantizar un suministro continuo y de calidad. El usuario es una pieza importante dentro del mantenimiento de su instalación eléctrica. Aunque éste no pueda realizarles todos, sí puede ayudar al mantenimiento y buen estado de su instalación.

Actividad 1

Con los instrumentos de medida necesarios, (polímetro, amperímetro, Megger, buscador de polos, cableado, tijeras etc.), realiza y verifica las siguientes mediciones del cuadro eléctrico realizado en la actividad 6 de elementos de corte y protección. Realiza un pequeño informe de la práctica.

9-a) Verifica la continuidad de los conductores activos y de protección.

9-b) Verifica la tensión de llegada al cuadro y potencia consumida.

9-c) Mide la temperatura de los tableros y de las conexiones.

9-d) Mide la resistencia de aislamiento de los conductores.

Profesor

Nº de ...

2

Fdo:

Fecha:

15

PREVENCIÓN DE RIESGOS LABORALES Y EPI'S

Alumno

Práctica número : 15 A

Objetivo

El objetivo principal es establecer los riesgos derivados de las actividades industriales, sobre todo, las del sector eléctrico , clasificar los riesgos físicos ambientales y confeccionar los riegos que pueden existir en un taller.

PREVENCIÓN DE RIESGOS LABORALES Y EPI 'S

P.R.L

La Ley 31/1995, de 8 de noviembre , de prevención de riesgos laborales , ha sido modificada , tras la aprobación de la Ley 25/2009, de 22 de diciembre , de modificación de diversas leyes para su adaptación a la Ley sobre el libre acceso a las actividades de servicios y su ejercicio . La definición de R .L recogía en el mismo es : "la posibilidad de que un trabajador sufra un determinado daño derivado de su trabajo" .

Actividad 1

Descripción : Carlos y Lolita se han formado como instladores electricistas en un Centro de Formación Profesional . Terminaron sus estudios hace un año y trabajan desde hace cinco meses en una empresa de Servicios dedicada a instalaciones y reparaciones eléctricas , tando en domicilios particulares como en empresas. Cada día por la mañana temprano se encuentran en el taller y allí les explican cuál será su trabajo. Carlos y Lolita tienen que ir hoy a una empresa de artes gráficas a reparar una guillotina. Les acompaña Fermín , un trabajador muy experimentado, que ejerce de encargado. Al llegar a la empresa van a comprobar el problema. Según les explica el responsable del taller, últimamente , los operarios que usan la guillotina notaban pequeños calambres cuando la máquina estaba encendida y cortaban el papel. En un principio, este hecho no le fue comunicado pero él, posteriormente observó el problema y había puesto la guillotina fuera de servicio hasta su reparación . Fermín le dice a Carlos y a Lolita que revisen la instalación : conexiones, aislamientos, etc. Los chicos así lo hacen. Comprueban que hay un conductor eléctrico con defectos de aislamiento y deciden repararlo.

En aquel momento , Fermín les recuerda que es mejor que desconecten la máquina de la instalación general .
Carlos va hacia el panel donde está situado el cuadro eléctrico de la empresa y corta la línea que alimenta el sector donde está ubicada la máquina , dejando la puerta del panel abierta .Después , vuelve junto a sus compañeros .
Fermín está hablando con el encargado del taller de producción , por lo que les indica a los chicos que verifiquen la ausencia de tensión y que después empiecen las reparaciones pertinentes . Carlos y Lolita se ponen a ello y buscan el tester entre sus herramientas de trabajo . Después de mucho buscar , comprueban que no lo tienen y que , probablemente , lo hayan olvidado en el taller . Carlos explica a Lolita que él ya ha desconectado la tensión y le insiste en que no hay ningún problema .
Los dos deciden empezar a trabajar en la avería sin comentarle nada a Fermín . Mientras tanto , un trabajador de la empresa , ajeno a toda esta situaciuón , ve que la puerta del panel del cuadro eléctrico general está abierta .
Cuando lo está cerrando también observa que un magnetotérmico está en posición de abierto . Duda unos instantes , pero decide conectarlo de nuevo , en aquel momento , Lolita está manipulando los conductores y recibe una descarga eléctrica que la tumba al suelo .Fermín oye el grito , ve la situación y dirigiendose hacía allí grita : ¡Pero qué ha pasado !

1. En grupos discutir y elaborar una lista de cuáles pueden ser los principales factores de riesgo que han provocado el accidente.

2. Una vez identificados los factores, realizar propuestas acerca de las medidas preventivas para

3. Realizar una lista de las señales y símbolos que permiten identificar los diferentes tipos de

4. Los alumnos decidirán un final para la historia descrita en el caso práctico , utilizando argumentos

5. Analizare cuál es el estado de seguridad en el que se encuentra la instalación eléctrica del centro y

Enumera al menos seis factores de riesgo presentes en dicho caso:

Artículo extraído del Instituto Nacional de Seguridad e Higiene en el trabajo .
"casos prácticos y actividades didácticas "
www.insht.es

Tipo de practica:

Individual	Pareja	Grupo
		X

Nº de horas

2

Fdo:

Fecha:

Práctica número : 15 B

Objetivo

El objetivo principal es establecer los riesgos derivados de las actividades industriales, sobre todo, las del sector eléctrico , clasificar los riesgos físicos ambientales y confeccionar los riegos que pueden existir en un taller.

PREVENCIÓN DE RIESGOS LABORALES Y EPI 'S

P.R.L

La Ley 31/1995, de 8 de noviembre , de prevención de riesgos laborales , ha sido modificada , tras la aprobación de la Ley 25/2009, de 22 de diciembre , de modificación de diversas leyes para su adaptación a la Ley sobre el libre acceso a las actividades de servicios y su ejercicio . La definición de R .L recogía en el mismo es : "la posibilidad de que un trabajador sufra un determinado daño derivado de su trabajo" .

Actividad 1

Luis es estudiante de un ciclo formativo de grado superior de electricidad y electrónica . Desde hace un mes etá raalizando las practicas obligatorias en una empresa de manteniento de instalaciones eléctricas . Colabora con Enrique , técnico electricista , en la reparación de averías eléctricas de otras empresas y ya ha empezado a realizar algún treabajo , siempre bajo la supervisión de Enrique . Esta mañana se han dirigido a una industria de envasado de frutas para arreglar una avería , ya que algunos trabajadores se han quejado de sufrir calam res cuando están en la cadena de lavado y envasado . Al llegar a la empresa , el encargado les explica qeu lo primiro que hicieron al notar los calambres fue llamar al responsable de mantenimiento ; pero resultó que este estaba enfermo y no podía acudir de inmediato . Ante esto , dos de los trabajadores de la cadena de envasado intentaron solucianar el problema . Primero , y sin haber comprobado previamente la susencia de tensión , desmontaron la carcasa del bastidor de la cadena de empaqutado; pero, como externamente no observaron nada, decidieron acceder al motor. Sin embargo, tampoco pudieron encontrar la causa. Antes de iniciar su trabajo , Luis y Enrique preguntan al encargado las características de seguridad de la instalación eléctrica de la cadena de envasado .

Éste les responde que dicha cadena está conectada a la toma de tierra general del edificio y que también dispone de un interruptor diferencial , pero que como "saltaba" con fecuencia e interrumpia el proceso productivo , decidieron ponerlo fuera de servicio "puenteándolo ".

Tras comprobar lo comentado por el encargado , dan un vistazo a toda la instalación de la empresa y observan que en las bases de toma de corriente , se encuentran instalados varios adaptadores ("ladrones "), los cuales suministran energía a tres equipos diferentes de maquinaria , sobrecargando excesivamente la instalación . También , ven que los cables de conexión de las máquinas están sin canalizaciones protectoras en zonas de paso y trabajo.

Enrique dice a Luis que intente reparar la avería mientras él lo supervisa . Lo primero que hace Luis es desconectar la corriente eléctrica . Después , seca el agua acumulada en el suelo , ya que los sistemas de drenaje de la cadena de lavado están parcialmente obturados .

Luis saca la carcasa del bastidor y accede al motor para tratar de descubrir el origen de los calambres . Al revisar el estado de la conexiónes , se da cuenta de que uno de los cables estaba empalmado y había perdido el aislamiento y otro estaba ennegrecido .

Luis dice a Enrique:

- Este cable está "pelado" y el otro chamuscado , ¿qué hago ahora ?

Enrique responde:

- Lo mejor será sustituir todo el cable "pelado", ya que hacer empalmes no garantiza su correcta protección . El otro cable está en muy mal estado y también sería conveniente cambiarlo , ya que tampoco garantiza un aislamiento seguro .

Luis coge de la caja de herramientas unos alicates para poder cambiar los cables. Cuando los va a cortar, se detiene y dice a Enrique:

- Dame un trapo.
- ¿Qué ocurre ahora ?
- Pues que los alicates están manchados de grasa y me resbalan .

Una vez terminada la reparación , Enrique y Luis explican al encargado del taller las anomalías que han detectado en la instalación ; además , Enrique le dice que dentro de unos días recibirá un informe de los factgores de riesgo eléctrico de la cadena de envasado , así como de las medidas preventivas que deberían adoptar .

1. Plantear un debate sobre los riesgos eléctricos que existen tanto en las aulas de estudio como en el hogar , y la forma en que aquellos se pueden prevenir o eliminar .

2. Siguiendo con el caso práctico planteado , señalar y justificar cuáles son los principales focos de riesgo de accidente por contacto eléctrico , tanto directo como indirecto .

3. Una vez identificados los riesgos , realizar propuestas acerca de las medidas preventivas que se podrían adoptar para tratar de eliminar o por lo menos , disminuir el riesgo de accidente por contacto eléctrico , e indicar la señalización (doble aislamiento , separación de circuitos , etc.) que se debería colocar para advertir a los trabajadores de los peligros a los que pueden estar expuestos.

Enumera al menos diez factores de riesgo presentes en dicho caso:

Artículo extraído del Instituto Nacional de Seguridad e Higiene en el trabajo .

"casos prácticos y actividades didácticas "

www.insht.es

Tipo de practica:	Individual	Pareja	Grupo	Nº de horas	Fdo:
			X	2	Fecha:

Práctica número : 15 C

P.R.L

Objetivo

El objetivo principal es establecer los riesgos derivados de las actividades industriales, sobre todo, las del sector eléctrico , clasificar los riesgos físicos ambientales y confeccionar los riegos que pueden existir en un taller.

PREVENCIÓN DE RIESGOS LABORALES Y EPI 'S

La Ley 31/1995, de 8 de noviembre , de prevención de riesgos laborales , ha sido modificada , tras la aprobación de la Ley 25/2009, de 22 de diciembre , de modificación de diversas leyes para su adaptación a la Ley sobre el libre acceso a las actividades de servicios y su ejercicio . La definición de R .L recogía en el mismo es : "la posibilidad de que un trabajador sufra un determinado daño derivado de su trabajo" .

Actividad 1

Victor, Santi y Toñi son tres jóvenes emprendedores que están intenando levantar un antiguo negocio de reparación de coches. Se conocieron el primer año qe estudiaban Automoción en un centro de Formación Profesional y, desde entonces, han compartido estudios, aficiones y trabajo. Cuando salió la oportunidad de establecerse por su cuenta, no lo dudaron. Los antiguos dueños de la empresa les cedieron el viejo taller con todas sus pertenencias: material, herramientas, pequeñas máquinas e, incluso, los equipos de protección individual que usaban. Ellos no dijeron que no a nada, porque cualquiercosa era valiosa para empezar. lo que sí hicieron fue cercionarse de que tvieran las garantias de seguridad y el marcado CE. Comprobaron que no era así en varios casos, pero valoraron que los equipos estaban "pasables " y que los utilizarían igual .
El locar era pequeño y sólo disponía de dos pequeñas ventanas por las que entraba un poco de luz natural. Le limpiaron un poco "la cara" al taller, lo ordenaron y se pusieron a trabajar enseguida. Hace poco, ficharon a Hans, un chico emigrante que provenía de Alemania del Este. El joven no se desenvolvía bien con el idioma español , pero demostró ser muy "manitas " y para ellos esto era lo importante .
En estos momentos . Toñi se dispone a pintar la chapa de un coche ya reparado . Hace un gesto con la boca y lanza un potente silvido .
Inmediatamente , Victor y Santi , que están realizando otras tareas de reparación , levantan la cabeza hacia ella y se echan a reír .
Toñi les dice en voz alta , como si fuera una orden : ¡A cubrirse , que voy a pintar ! Victor y Santi se dirigen hacia un pequeño armario , cogen dos mascarillas , se las colocan en la cara y continúan haciendo sus respectivos trabajos .
Hans observa sorprendido la escena y le pregunta a Santi que qué pasa . El chico explica que el silbido de Toñi es la señal de que va a empezar a pintar y entonces ellos se ponen la protección . Le recomienda a Hans que haga lo mismo porque respirar aquel ambiente no es nada bueno .
El chico va a buscar otra mascarilla y sus compañeros le indican que mire por el taller porque tiene que haber dos más .
Por fin , Hans encuentra una dentro de un carro de herramientas . Intenta ponérsela pero le queda grande y no sabe como sujetarla a la cara .
Al chico l eda un poco de apuro preguntar ás al rescpto y regresa hacia el armario de los EPI 's para ojear el folleto informativo , pero no consigue resolver el problema porque está escritgo en español . Por no resultar pesado , decide continuar puliendo la chapa del utilitario verde y tratar el tema más tarde con sus compañeros . Al cabo de un rato , Victor observa que el joven alemán está trabajando sin la mascarilla y que está muy pálido . Otro vistazo rápido le indica que las ventanas están cerradas y la puerta de entrada de los coches también .
De un salto se coloca al lado de Hans y sujetándole por un brazo , le acompaña hacia el exterior del local .

1. A partir del caso expuesto, tratar de identificar los factores de riesgo que han producto que Hans palideciera y plantear soluciones preventivas y correctivas, relacionadas con la seguridad del taller y los equipos de protección individual .

2. Los alumnos imaginarán que son los protagonistas del caso práctico y que deben comprar nuevos EPI para el taller . Este ejercicio tiene como objetivo que el alumnado tenga una visión amplia de la variedad de equipos de protección que existen y saber cuáles son los factores más importantes que deben considerarse al adquirirlos .

3. Realizar una campaña de información y de sensibilización sobre la importancia de utilizar los EPI en el trabajo cuando existan riesgos laborales que no se hayan podido controlar con medidas organizativas o de seguridad colectivas . Remarcar la necesidad del uso correcto , el mantenimiento y la revisión de los equipos de prototección de forma periódica .

4. Plantear al alumnado que elija una profesión y busquen los Equipos de Protección Individual que se necesiten para cada puesto de trabajo , Después , deberán decidir también que tipo de medidas preventivas colectivas implantarían antes en cada caso (de organización , ergonómicas , de seguridad , ambientales , etc.). Con esta actividad se pretende que el alumnado reflexione sobre el principio de que la prevención debe prevalecer por encima de la protección de riesgos laborales , si es posible .

Enumera al menos diez factores de riesgo presentes en dicho caso:

Artículo extraido del Instituto Nacional de Seguridad e Higiene en el trabajo .

"casos prácticos y actividades didácticas "

www.insht.es

Tipo de práctica:

Individual	Pareja	Grupo
		X

Nº de horas

2

Fdo:

Fecha:

Profesor

Práctica número: 15 A

P.R.L

Objetivo

El objetivo principal es establecer los riesgos derivados de las actividades industriales, sobretodo, las del sector eléctrico, clasificar los riesgos físicos ambientales y confeccionar los riegos que pueden existir en un taller.

PREVENCIÓN DE RIESGOS LABORALES Y EPI'S

La Ley 31/1995, de 8 de noviembre, de prevención de riesgos laborales, ha sido modificada, tras la aprobación de la Ley 25/2009, de 22 de diciembre, de modificación de diversas leyes para su adaptación a la Ley sobre el libre acceso a las actividades de servicios y su ejercicio. La definición de R.L recogía en el mismo es: "la posibilidad de que un trabajador sufra un determinado daño derivado de su trabajo".

Actividad 1

1. Propuesta: los alumnos, divididos en grupos de 3 ó 4 personas discutirán cuáles pueden ser los principales factores de riesgo que han provocado que Lolita sufriera una descarga eléctrica. Una vez apuntados los factores de riesgo, el alumnado determinará si existe una correlación entre los diferentes riesgos o si éstos son independientes los unos de otros

2. Propuesta: la clase se dividirá en pequeños grupos y cada uno de los componentes deberá proponer las medidas preventivas que consideren más adecuadas para proteger a los trabajadores que están realizando la reparación de la guillotina.
Una vez señaladas las medidas preventivas, cada grupo tendrá que hacer una propuesta de la señalización que crea que debe existir para advertir de los peligros que todavía pueden surgir mientras se efectúan las reparaciones pertinentes.

3. Propuesta: los alumnos elaborarán un listado en el que aparezcan todos los pictogramas que hayan encontrado que tengan relación con el riesgo eléctrico. Una vez apuntados los pictogramas, los alumnos indicarán el significado de cada uno de ellos.

4. Propuesta: después de leer el caso práctico, cada estudiante contará con unos 10 minutos, aproximadamente, para estudiar la historia narrada y decidir cómo cree que debería acabar. Posteriormente, se hará una puesta en común en la clase, aportándose las ideas planteadas por los alumnos, agrupando aquellos con las mismas ideas.

5. Propuesta: en primer lugar, los alumnos elaborarán un plano de la instalación eléctrica del centro, destacando el recorrido del cableado y situando los enchufes, interruptores, tomas de tierra de los equipos, dispositivos de corte eléctrico, etc. Una vez realizada esta tarea, los alumnos se dividirán en pequeños grupos y a cada uno de ellos se les asignará una zona de la instalación, de la que deberán anotar las características que posee y su análisis de estado y comentándolo con sus compañeros

Enumera al menos seis factores de riesgo presentes en dicho caso:

- Antes de empezar a trabajar en una instalación eléctrica, no comprobar la ausencia de tensión.
- Reestablecer el servicio eléctrico sin asegurarse de si hay personas trabajando.
- Ausencia de un cartel de prohibición que indique que no se puede tocar ni manipular el aparato de corte mientras esté abierto o bloqueado.
- No bloquear los aparatos de corte mediante candados u otros elementos de enclavamiento para asegurarse de que no puedan ser manipulados mientras se está trabajando.
- No preparar el material y las herramientas necesarias antes de empezar a trabajar.

Profesor

2

Fdo:

Fecha:

Práctica número: 15 B

Objetivo

El objetivo principal es establecer los riesgos derivados de las actividades industriales, sobretodo, las del sector eléctrico, clasificar los riesgos físicos ambientales y confeccionar los riegos que pueden existir en un taller.

PREVENCIÓN DE RIESGOS LABORALES Y EPI'S

P.R.L

La Ley 31/1995, de 8 de noviembre, de prevención de riesgos laborales, ha sido modificada, tras la aprobación de la Ley 25/2009, de 22 de diciembre, de modificación de diversas leyes para su adaptación a la Ley sobre el libre acceso a las actividades de servicios y su ejercicio. La definición de R.L recogía en el mismo es: "la posibilidad de que un trabajador sufra un determinado daño derivado de su trabajo".

Actividad 1

1. Propuesta: el debate debe contar con un moderador que puede ser el propio profesor o un alumno. Durante el debate, los participantes hablarán y contrastarán sus opiniones en relación con la exposición al riesgo eléctrico en los siguientes entornos: escuela, taller, hogar, etc.
Es importante que el moderador tenga claros los conceptos de riesgo y de contacto directo e indirecto.

2. Propuesta: Una vez leído el caso práctico, los alumnos se dividirán en grupos de tres o cuatro personas, si su número lo permite, para discutir cuáles pueden ser los principales focos de riesgo y justificar por qué los consideran como tales. A continuación, todo el grupo se reunirá y cada grupo expondrá sus resultados, estableciéndose un diálogo para tratar de llegar a conclusiones comunes y de todo el grupo.

3. Propuesta: los alumnos elaborarán un listado en el que aparezcan todos los pictogramas que hayan encontrado que tengan relación con el riesgo eléctrico. Una vez apuntados los pictogramas, los alumnos indicarán el significado de cada uno de ellos.

4. Propuesta: dividir la clase en grupos pequeños y cada uno de los componentes debe proponer las medidas preventivas que considere más adecuadas para proteger a los trabajadores de la instalación. Una vez decididas las medidas preventivas, suponiendo que se hayan tomado, cada grupo tendrá que hacer una propuesta de la señalización que cree que debe existir para advertir de los peligros que todavía puedan producirse. A continuación, se reunirá de nuevo todo el grupo clase y se llegará a un consenso sobre las medidas preventivas que parezcan mas adecuadas para la instalación propuestas.

Enumera al menos seis factores de riesgo presentes en dicho caso:

- Trabajar en la cadena de lavado con los sistemas de drenaje parcialmente obturados.
- Hacer reparaciones en instalaciones eléctricas bajo tensión estando el suelo húmedo o mojado.
- Realizar empalmes en cables en mal estado en lugar de cambiarlos por otros en buenas condiciones.
- Utilizar herramientas manuales sin protección garantizada frente al contacto eléctrico cuando se trabaja en tensión.
- Sobrecargar la instalación eléctrica instalando adaptadores ("ladrones") a las bases de toma de corriente.
- Utilizar herramientas manuales en mal estado, sucias de grasa o cualquier otro producto.
- Realizar trabajos en instalaciones eléctricas sin tener la formación necesaria para ello.
- Colocar los cables de conexión sin canalizaciones protectoras en zonas de paso y de trabajo.
- Iniciar cualquier reparación eléctrica sin haber comprobado previamente la ausencia de tensión.
- Manipular los sistemas de seguridad contra el riesgo eléctrico anulando sus funciones de protección ("puentear" el diferencial)

Profesor

2

Fdo:

Fecha:

Práctica número: 15 C

Objetivo

El objetivo principal es establecer los riesgos derivados de las actividades industriales, sobretodo, las del sector eléctrico, clasificar los riesgos físicos ambientales y confeccionar los riegos que pueden existir en un taller.

PREVENCIÓN DE RIESGOS LABORALES Y EPI'S

P.R.L

La Ley 31/1995, de 8 de noviembre, de prevención de riesgos laborales, ha sido modificada, tras la aprobación de la Ley 25/2009, de 22 de diciembre, de modificación de diversas leyes para su adaptación a la Ley sobre el libre acceso a las actividades de servicios y su ejercicio. La definición de R.L recogía en el mismo es: "la posibilidad de que un trabajador sufra un determinado daño derivado de su trabajo".

Actividad 1

1. Propuesta: A partir de la lectura del caso y de una breve explicación del tema por parte del profesorado, los alumnos deberán escribir, en grupos de cuatro personas, cuáles con los factores de riesgo que se describen en la historia, en relación con los EPI y las condiciones físicas del local. En el trabajo se explicarán también las causas que provocan la aparición
de estos factores de riesgo y las medidas preventivas y correctivas que implantarían para que el entorno de trabajo fuera más seguro. Una vez finalizada la tarea, el

2. Propuesta: El profesorado propondrá a los alumnos que imaginen que son dueños de un taller de automoción, como en el Caso Práctico, y que deben comprar los EPI necesarios para cada tarea y para cada persona que trabaje en él. En primer lugar, el alumnado deberá buscar e identificar qué tipos de EPI existen en el mercado, clasificándolos en función de los riesgos y la parte del cuerpo que protegen (cara, ojos, manos, etc.). En segundo lugar, el alumnado deberá relacionar alguno de estos EPI con los riesgos asociados a las actividades del taller, como puedan ser: pintado de la chapa de un coche, cambio de aceites o lubricantes, reparación de alguna pieza, pulido de las chapas, etc. En tercer lugar, los alumnos deberán enumerar en una lista los factores que se deben tener en cuenta, desde el punto de vista de la seguridad y la ergonomía, para la elección y utilización de los EPI (la capacidad de amortiguación, aislamiento, concepción ergonómica, grado de protección, mantenimiento, etc.). Para poder realizar estas actividades será preciso establecer grupos de trabajo de cuatro o cinco personas que deberán discutir los puntos anteriores para, posteriormente, ponerlos en común con el grupo-clase y el profesorado.

3. Propuesta: A partir de los contenidos tratados en clase y con la ayuda del profesorado, los estudiantes, en grupos de cuatro personas, diseñarán material divulgativo e informativo carteles, tarjetones, folletos, etc.) sobre la función de los EPI. Se enfatizará en aspectos de orden y limpieza, revisión periódica y mantenimiento de los mismos. El alumnado deberá decidir a qué tipo de audiencia quieren dirigirse: a los propios estudiantes de FP, al profesorado, a personas trabajadoras en actividades específicas o a responsables de empresas. También decidirá dónde quedará ubicado este material (en aulas, pasillos, centros de prácticas, etc). En función de los destinatarios elegidos, se remarcarán unos aspectos de la información más que otros. En todo el material elaborado se deberá seguir un patrón común de contenidos: señalar los riesgos e indicar las medidas preventivas colectivas y también las de protección, entre las cuales se incluirán los EPI.

4. Propuesta: Se dividirá la clase en grupos de 3 a 4 personas. Cada uno elegirá una profesión y el alumnado, por grupos, meditará sobre los diferentes riesgos laborales a los que están expuestas las personas que trabajan en este sector, los EPI que deberían usar y las medidas preventivas más apropiadas. Una vez finalizado este proceso, cada grupo expondrá la profesión elegida y las medidas preventivas propuestas que estarán planteadas con la intención de que los EPI seleccionados sean lo menos indispensable posible. Finalmente, se elaborará un listado de las profesiones, las medidas preventivas y los EPI que le atañen a cada una de ellas. Como continuación a esta actividad, el profesorado puede sugerir un coloquio en el que el alumnado deberá proponer nuevas medidas para completar los listados de sus compañeros.

Enumera al menos diez factores de riesgo presentes en dicho caso:

- Utilizar las protecciones personales de forma colectiva, sin tener en cuenta las características físicas de cada persona que debe usarlas (estatura, tamaño de las manos, pies, cabeza, etc.).

- Usar los equipos de protección individual (EPI), en este caso mascarillas, como una medida de seguridad sin antes implantar otros sistemas preventivos de ámbito colectivo que son prioritarios. Por ejemplo: establecer una buena ventilación en el local, ubicar una zona específica para pintar los coches, instalar cabinas de pintura, etc

- Mantener y usar equipos de protección individual que no cumplan los requisitos de seguridad necesarios y que no dispongan del marcado CE.

- No guardar el equipo de protección (mascarilla) en el lugar que le corresponde después de utilizarlo para trabajar.

- Disponer de un folleto informativo de los EPI que está expresado

- Explicar de forma deficiente al trabajador para qué sirve el EPI (mascarilla) y no dar ninguna instrucción de cómo se debe usar.

Profesor

2

Fdo:

Fecha: